手把手教你看懂施工图丛书

# 20 小时内教你看懂
# 建筑给水排水及采暖施工图

巴 方 主编

中国建筑工业出版社

图书在版编目（CIP）数据

20小时内教你看懂建筑给水排水及采暖施工图/巴方
主编. —北京：中国建筑工业出版社，2015.1
（手把手教你看懂施工图丛书）
ISBN 978-7-112-17661-8

Ⅰ.①2… Ⅱ.①巴… Ⅲ.①给排水系统-建筑安装-
工程制图-识别②采暖设备-建筑安装-工程制图-识别
Ⅳ.①TU82②TU83

中国版本图书馆CIP数据核字（2015）第008005号

全书分20小时进行介绍，内容包括：建筑排水系统图识读、标准层排水平面图识读、屋顶排水平面图识读、跃层排水平面图识读、卫生间及厨房排水平面图识读、给水系统图识读、首层给水平面图识读、屋面给水平面图识读、卫生间及厨房给水平面图识读、热水系统图识读、中水工艺流程图和设备平面布置图识读、中水管线平面图和轴测图识读、小区楼房给水施工图识读、宿舍楼室外给水施工图识读、小区排水管道布置图识读、宿舍楼室外排水管道布置图识读、采暖平面图识读、采暖系统轴测图识读、采暖详图识读。

本书内容翔实，语言简洁，重点突出，简明扼要，内容新颖，涵盖面广，力求做到图文并茂，表述正确，具有较强的指导性和可读性，是建筑工程施工技术人员的必备辅导书籍，也可作为相关专业的培训教材。

责任编辑：范业庶　王砾瑶
责任设计：董建平
责任校对：姜小莲　张　颖

手把手教你看懂施工图丛书
20小时内教你看懂建筑给水排水及采暖施工图
巴　方　主编

\*

中国建筑工业出版社出版、发行（北京西郊百万庄）
各地新华书店、建筑书店经销
霸州市顺浩图文科技发展有限公司制版
北京君升印刷有限公司印刷

\*

开本：787×960毫米　1/16　印张：7　字数：131千字
2015年2月第一版　2015年2月第一次印刷
定价：22.00元
ISBN 978-7-112-17661-8
（26886）

# 编写委员会

# 前　　言

近年来，我国国民经济的蓬勃发展，带动了建筑行业的快速发展，许多大楼拔地而起，随之而来的是对建筑设计、施工、预算、管理人员的大量需求。

建筑工程施工图是建筑工程施工的依据，建筑工程施工图识读是建筑工程施工的基础。本套丛书的编写，一是有利于培养读者的空间想象能力，二是有利于提高读者正确绘制和阅读建筑工程图的能力。因此，理论性和实践性都较强。

本套丛书在编写过程中，既融入了编者多年的工作经验，又采用了许多近年完成的有代表性的工程施工图实例。本套丛书为便于读者结合实际，并系统掌握相关知识，在附录中还附有相关的制图标准和制图图例，供读者阅读使用。

本套丛书共分 6 册：

1.《20 小时内教你看懂建筑施工图》

2.《20 小时内教你看懂建筑结构施工图》

3.《20 小时内教你看懂建筑给水排水及采暖施工图》

4.《20 小时内教你看懂建筑通风空调施工图》

5.《20 小时内教你看懂建筑电气施工图》

6.《20 小时内教你看懂建筑装饰装修施工图》

丛书特点：

随着建筑工程的规模日益扩大，对于刚参加工程建筑施工的人员，由于对房屋的基本构造不熟悉，不能看懂建筑施工的图纸，所以迫切希望能够看懂施工图纸，为工程施工创造良好的条件。

新版的《房屋建筑制图统一标准》、《总图制图标准》、《建筑制图标准》、《建筑结构制图标准》、《给水排水制图标准》、《暖通空调制图标准》于 2011 年正式实施，针对新版的制图标准，我们编写了这套丛书，通过对范例的精讲和对基础知识的介绍，能让读者更加熟悉新的制图标准，方便地识读图纸。

本书编写不设章、节，按照第××小时进行编写与书名相呼应，让读者感觉施工图识读不是一件困难的事情，本书的施工图实例解读详细准确，中间穿插介绍一些识读的基本知识，方便读者学习。

本书三大特色：

(1) 内容精。典型实例逐一讲解。

（2）理解易。理论基础穿插介绍。

（3）实例全。各种实例面面俱到。

在此感谢杜海龙、廖圣涛、徐阳、马楠、张克、李鹏、韩磊、葛美玲、刘雷雷、刘新艳、李庆磊、孟文璐、李志杰、赵亚军、苗峰等人在本书编写过程中所做的资料整理和排版工作。

由于编者水平有限，书中的缺点在所难免，希望同行和读者给予指正。

编委会

# 目　　录

# 第1小时

# 建筑排水系统图识读

一、基础知识

1. 排水系统的分类

建筑内部排水系统的任务，是将建筑物内用水设备、卫生器具和车间生产设备产生的污（废）水，以及屋面上的雨水、雪水加以收集后，通过室内排水管道及时顺畅地排至室外排水管网中去。根据排污（废）水的性质，室内排水系统可以分为以下三类。

（1）生活污水排水系统。

在住宅、公共建筑和工厂车间的生活间内安装的排水管道，用以排放人们日常生活中所产生的污水，包括盥洗、淋浴、洗涤所产生的生活废水和粪便冲洗水。这种污水中含有有机物和细菌较多。

（2）工业污（废）水排水系统。

在工矿企业生产车间内安装的排水管道，用以排放工矿企业在生产过程中产生的污水和废水。其中工业废水指未受污染或轻微污染以及水温稍有升高的水（如使用过的冷却水）；工业污水指被污染的水，包括水温过高排放后造成热污染的水。工业污（废）水一般均应按排水的性质分流设置管道排出，如冷却水应回收循环使用；洗涤水可回收重复利用。各类生产污水受到严重污染，化学成分复杂，如污水中含有强酸、强碱、铬等对人体有害成分时均应分流，以便回收利用或处理。

（3）雨、雪水排水系统。

在屋面面积较大或多跨厂房内、外安装的雨雪水管道，用以排除屋面上的雨水和融化的雪水。

2. 排水系统的组成

（1）污（废）水受水器。

污（废）水受水器系指各种卫生器具、排放工业生产污（废）水的设备及雨水斗等。

（2）排水管道。

排水管道由排水支管、排水横管、排水立管、排水干管与排出管等组成。排水支管指只连接1个卫生器具的排水管，除坐式大便器和地漏外，其上均应设水封装置（俗称存水弯），以防止排水管道中的有害气体及蚊蝇昆虫进入室内。常用存水弯有P形和S形两种，水封深度一般为50～80mm。排水横管系统指连接2个或2个以上卫生器具排水支管的水平排水管。排水立管系指接收各层横管的污（废）水并将之排至排出管的立管。排出管即室内污水出户管，是室内立管与室外检查井（窨井）之间的连接横管，它可接收1根或几根立管内的污（废）水。

（3）通气管。

通气管又称透气管，有伸顶通气管、专用通气立管、环形通气管等几种类型。通气管的作用是排出排水管道中的有害气体和臭气，平衡管内压力，减少排水管道内气压变化的幅度，防止水封因压力失衡而被破坏，保证水流畅通。

（4）清通装置。

清通装置一般指检查口、清扫口、检查井以及自带清通门的弯头、三通、存水弯等用来疏通排水管用。室内常用检查口和清扫口。检查口是一个带有盖板的开口装置，拆开盖板即可进行疏通。检查口通常设在立管上，最底层和有卫生器具的最高层必须各设置1个，中间层可隔层设置1个；检查口中心高度距操作地面一般为1.0m，检查口的朝向应便于检修。立管暗装时在检查口处应安装检修门。清扫口是设置在排水横管上的一种清通装置。当排水横管上连接2个或2个以上大便器、3个或3个以上其他卫生器具时，应在横管的始端设置清扫口，清扫口与管道相垂直的墙面距离不得小于200mm；若在横管的始端设置堵头代替清扫口时，与墙面距离不得小于400mm。若横管较长时，每隔一定距离也应设置地面清扫口，清扫口开口应与地面相平且只能从一个方向清通。对于不散发有害气体或大量蒸汽的工业废水排水管道，在管道转弯、变径处和坡度改变及连接支管处，应设置室内检查井。

（5）提升设备。

当民用建筑的地下室、人防建筑物、高层建筑的地下设备层等地下建筑内的污（废）水不能自流排至室外时，必须设置提升设备。常用的提升设备有水泵、气泵扬液器、手摇泵等。

（6）污（废）水局部处理构筑物。

在建筑内部污（废）水未经处理不允许直接排入市政排水管网或水体时，应在建筑物内或附近设置局部处理构筑物（如化粪池、隔油池、消毒池等）予以处理。

3. 排水管道系统工程图

（1）排水管道。

排水管道的类型，见表1-1。

排水管道的类型　表1-1

| 项目 | 内容 |
| --- | --- |
| 塑料管 | 目前在建筑内使用的排水塑料管是硬聚氯乙烯塑料管(简称 UPVC 管)。具有质量轻、不结垢、不腐蚀、外壁光滑、容易切割、便于安装、可制成各种颜色、投资省和节能的优点，正在全国推广应用。但塑料管也有强度低、耐温性差(适用于连续排放温度不大于 40℃，瞬时排放温度不大于 80℃的生活排水)、立管产生噪声、暴露于阳光下管道易老化、防火性能差等缺点 |
| 铸铁管 | 对于建筑内的排水系统,铸铁管正在逐渐被排水硬聚氯乙烯塑料管取代,只有在某些特殊的地方使用。其管径在 50～200mm |
| 钢管 | 钢管主要用做洗脸盆、小便器、浴盆等卫生器具与横支管间的连接短管,管径一般为 32mm、40mm、50mm。在工厂车间内振动较大的地点也可用钢管代替铸铁管 |
| 带釉陶土管 | 带釉陶土管耐酸碱腐蚀,主要用于腐蚀性工业废水排放。室内生活污水埋地管也可用陶土管 |

（2）清通设备。

为疏通建筑内部排水管道，保障排水畅通，需设清通设备。在横支管上设清扫口或带清扫门的90°弯头和三通，在立管上设检查口，室内埋地横干管上设检查口井。检查口井不同于一般的检查井，为防止管内有毒有害气体外逸，在井内上下游管道之间通过带检查口的短管连接。

（3）提升设备。

民用建筑的地下室、人防建筑物、高层建筑地下技术层、某些工厂车间的地下室和地下铁道等地下建筑物的污（废）水不能自流排至室外检查井，须设污（废）水提升设备。

（4）污水局部处理构筑物。

当建筑内部污水未经处理不允许直接排入市政排水管网或水体时，须设污水局部处理构筑物。

（5）通气管道系统。

建筑内部排水管内存在水气两相流，为防止因气压波动造成的水封破坏，使有毒有害气体进入室内，生活污水管道或散发有害气体的生活污水管道均应设置通气系统。对楼层不高、卫生器具不多的建筑物，可将排水立管上端延长并伸出屋顶，这一段管叫做伸顶气管。对于层数较高、卫生器具较多的建筑物，因排水量大，空气的流动过程易受排水过程干扰，须将排水管和通气管分开，设专用通气管道。

（6）排水管道组合类型。

1）单立管排水系统。单立管排水系统是指只有 1 根排水立管，没有专门通气立管的系统。利用排水立管本身及其连接的横支管进行气流交换，这种通气系统叫内通气系统。根据建筑层数和卫生器具的多少，单立管排水系统又分为三种，具体见表 1-2。

单立管排水系统分类  表 1-2

| 项目 | 内　　　容 |
| --- | --- |
| 无通气管的单立管排水系统 | 当无条件设置伸顶通气管时，可采用不通气立管。这种形式的立管顶部不与大气连通，适用于立管短、卫生器具少、排水量少、立管顶端不便伸出屋面的情况 |
| 有通气管的普通单立管排水系统 | 排水立管向上延伸，穿出屋顶与大气连通，适用于一般多层建筑 |
| 特制配件单立管排水系统 | 在横支管与立管连接处，设置特制配件（叫上部特制配件）代替一般的三通；在立管底部与横干管或排出管连接处设置特制配件（叫下部特制配件）代替一般弯头。在排水立管管径不变的情况下改善管内水流与通气状态，增大排水流量。这种内通气方式因利用特殊结构改变水流方向和状态，也叫诱导式内通气方式 |

2）双立管排水系统也叫两管制，由 1 根排水立管和 1 根通气立管组成。因为双立管排水系统利用排水立管与另一根立管之间进行气体交换，所以又叫做外通系统，适用于污（废）水合流的各类多层和高层建筑物。

3）三立管排水系统也叫作三管制，由 1 根生活污水立管、1 根生活废水立管和 1 根通气立管组成。三立管排水系统也是外通气系统，适用于生活污水和生活废水需要分别排出室外的各类多层、高层建筑。

4. 排水系统图的识读

查明排水管道的具体走向，管路分支情况，管径尺寸与横管坡度，管道各部分标高，存水弯形式，清通设备设置情况，弯头各部分标高，存水弯形式，清通设备设置情况，弯头及三通的选用等。识图时一般按照卫生器具或排水设备的存水弯、器具排出管、横支管、立管、排出管的顺序进行。为保证水流通畅，根据管道敷设位置往往选用 45°弯头和斜三通，在分支管的变径有时不用大小头而用主管变径三通。在识图时应随时根据有关规程和习惯做法将所需支架的数量及规格确定下来，在图上做出标记并做好统计。明装给水管道通常采用管卡、钩钉固定。

## 二、施工图识读

图 1-1 所示是某住宅排水系统图，主要表达了排水系统编号、管道及其附件与建筑的关系、各管段管径、主要管件的位置以及建筑标高、管道标高、管道埋深等内容。限于篇幅，以两个排水系统的局部进行阅读，从该图中可以看出：

（1）FL-4 和 FL-5 为两个废水系统，废水立管的管径为 DN80，顶标高为 21.90m。

（2）图中的水平平行线为各层地面线和屋面线，图中数字 14.30、17.10、19.90m 为楼地面标高，13.90m 为从立管伸出的支管管道标高。

（3）废水立管顶端均伸出屋面，上部接通气帽。

（4）FL-4 废水立管伸出两根支管，一根接地漏，管径为 DN50；一根接盆，管径为 DN80。FL-5 废水立管引出管径为 DN80 的支管接地漏和盆。

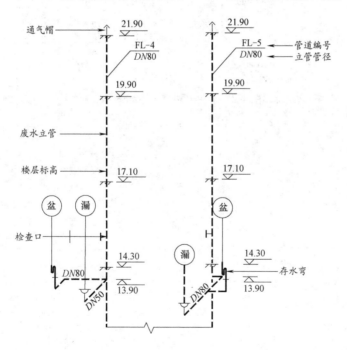

图 1-1 某住宅楼排水系统图（一）

阅读图 1-2，可结合图 1-1 看。从该图中可以看出：

（1）废水立管在各楼层伸出支管的情况是相同的，立管底标高为 -1.800m，在此处连接废水排出管，搁置坡度为 0.012。

（2）各层排水支管分别与废水立管相连接，最后通过废水排出管（管径 DN100）排出室外。

（3）废水立管在部分楼层设有检查口。

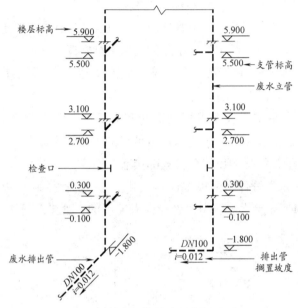

图 1-2　某住宅楼排水系统图（二）

# 第2小时

# 标准层排水平面图识读

## 一、基础知识

1. 建筑排水平面图识读注意事项

（1）排水平面图应表达排水管线和设备的平面布置情况。

（2）建筑内部排水以选用的排水方式来确定平面布置图的数量。底层及地下室必绘；建筑物中间各层，如卫生设备或用水设备的种类、数量和位置均相同，可绘一张标准层平面图，否则应逐层绘制。一张平面图上可以绘制几种类型管道，若管线复杂，也可分别绘制，以图纸能清楚表达设计意图而图纸数量又较少为原则。平面图中应突出管线和设备，即用粗线表示管线，其余均为细线。平面图的比例一般与建筑图一致，常用的比例尺为1：100。

2. 排水平面图的内容

（1）用水房间和用水设备的种类、数量、位置等。

（2）各种功能的管道、管道附件、卫生器具、用水设备等，均应用图例表示。

（3）各种横干管、立管、支管的管径、坡度等均应标出，各管道、立管均应编号标明。

3. 排水平面图的识读

室内排水平面图是施工图纸中最基本和最重要的图纸，它主要表明建筑物内排水管道及设备的平面布置。图纸上的线条都是示意性的，同时管材配件如活接头、管箍等也画不出来，因此在识读图纸时还必须熟悉排水管道的施工工艺。在识读平面图时，应掌握的主要内容如下：

（1）查明卫生器具、用水设备和升压设备的类型、数量、安装位置及定位尺

7

寸。卫生器具和各种设备通常都是用图例画出来的，它只说明器具和设备的类型，而不能具体表示各部分的尺寸及构造，因此在识读时必须结合有关详图和技术资料，搞清楚这些器具和设备的构造、接管方式及尺寸。

（2）弄清污水排出管的平面位置、走向、定位尺寸，与室外排水管网的连接形式，管径及坡度。污水排出管与室外排水总管的连接是通过检查井来实现的，要了解排出管的长度，即外墙至检查井的距离。排出管在检查井内通常采用管顶平接。

（3）查明排水干管、立管、支管的平面位置与走向、管径尺寸及立管的编号。从平面图上可清楚地查明管道是明装还是暗装，以确定施工方法。

（4）对于室内排水管道，要查明清通设备的布置情况，清扫口的型号和位置。搞清楚室内检查井的进出管连接方式。

（5）对于雨水管道，要查明雨水斗的型号及布置情况，并结合详图搞清雨水斗与天沟的连接方式。

## 二、施工图识读

图 2-1 所示是某标准层排水平面图，主要表达了排水设施在建筑首层中所处的位置、管道尺寸、排水管道的平面走向。限于篇幅，以标准层西北侧一户为例，解读其排水系统，从图中可以看出：

（1）与这一户相关的排水系统有两个，分别为 FL-4（废水系统）和 WL-5（污水系统）。

（2）在 Q 厨房的东北角有一根废水立管，仅排出连接洗涤盆和地漏支管的废水。

（3）在 H 卫生间的西南角设有一根污水立管，排污支管经洗脸盆、大便器、盥浴盆与立管相接。

（4）在 H 卫生间的西北角有一根给水立管（JL-5），与立管相接的给水横管（管径 DN20）上依次安装了截止阀和水表，横管沿卫生间墙面先水平向南伸出支管接盥浴盆，然后水平向东再向北伸出支管与洗脸盆相连，穿墙之后水平向东直接进入厨房，与洗涤盆相连。

（5）根据起居室的标高，可知建筑标准层层高为 2.8m。

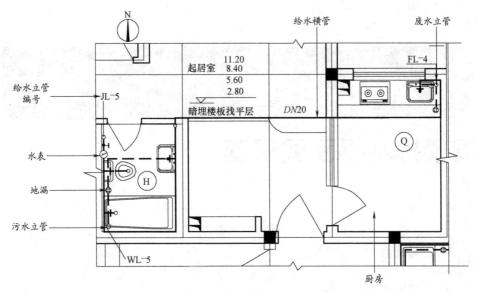

图 2-1  标准层排水平面图

# 第3小时

# 屋顶排水平面图识读

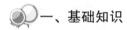 **一、基础知识**

1. 屋面雨水系统的概述

（1）屋面雨水系统的分类，具体见表3-1。

屋面雨水系统的分类　　　　　　　　　　　　　　　表 3-1

| 项　目 | 内　容 |
| --- | --- |
| 压力流(虹吸式)雨水系统 | 该系统在设计中有意造成悬吊管内负压抽吸流动,设计的流态是有压流态。该系统超设计重现期雨水需由溢流设施排除 |
| 重力流(87型斗)雨水系统 | 使用65型、87型雨水斗的系统,设计的流态是半有压流态。该系统在确定系统的流量时,预留了超设计重现期雨水的余量,比如 DN100 雨水斗排水能力的试验数据是 25～35L/s(斗前水位 10cm),设计数据只取 12L/s,悬吊管和立管的余量也大致如此。目前我国普遍应用的就是该系统 |
| 重力流(堰流式斗)雨水系统 | 使用自由堰流式雨水斗的系统,设计的流态是无压流态。该系统要求超设计重现期雨水必须由溢流设施排除,超量雨水不得进入系统,以保持系统的无压流状态。重力流(堰流式斗)雨水系统是我国新推出的一种雨水系统 |
| 其他 | 压力流(虹吸式)雨水系统、重力流(87型斗)雨水系统、重力流(堰流式斗)雨水系统各具特点,见表3-2 |

屋面雨水系统的特点　　　　　　　　　　　　　　　表 3-2

| 特点 ＼ 系统 | 重力流(87型斗)系统 | 压力流(虹吸式)系统 | 重力流(堰流式斗)系统 |
| --- | --- | --- | --- |
| 设计流态 | 气水混合流重力流(考虑压力) | 水气-相流有压流 | 附壁膜流重力流(不考虑压力) |
| 雨水斗形式 | 87型或65型 | 淹没进水式 | 自由堰流式 |
| 服役期间允许经历的流态 | 附壁膜流、气水混合流、水气-相流 | 附壁膜流、气水混合流、水气-相流 | 附壁膜流范围之内 |

续表

| 系统<br>特点 | 重力流(87型斗)系统 | 压力流(虹吸式)系统 | 重力流(堰流式斗)系统 |
|---|---|---|---|
| 管道设计数据 | 主要来自试验 | 公式计算 | 公式计算 |
| 超设计重现期<br>雨水排除 | 主要由系统本身<br>设计方法,考虑了<br>排超量雨水 | 主要通过溢流设计<br>状态,充分利用了<br>水头,超量水难以进入 | 必须通过溢流按无压<br>设计,超量水进入会<br>产生压力,损坏系统 |
| 屋面溢流频率 | 小 | 大 | 大 |
| 设计重现期取值 | 小 | 大 | 大 |
| 雨水斗标高位置要求 | 介于后两者之间 | 严格 | 宽松 |
| 斗前水位超高限制 | 无 | 无 | 不得超过堰流态水位 |
| 管材耗用 | 介于后两者之间 | 省 | 费 |
| 系统计算 | 简单,但粗糙 | 准确,但复杂 | 简单 |
| 溢流口设置要求 | 易实现 | 易实现 | 要求严格,难实现 |
| 管材承压要求 | 高 | 高 | 低 |
| 堵塞对上游管影响 | 无 | 无 | 有漏水甚至破裂隐患 |

（2）雨水系统的选用。

1）大型屋面的库房和公共建筑，若为排水并且屋面溢流造成的损害不大时，宜采用压力流（虹吸式）雨水系统。长天沟外排水宜采用重力流（87型斗）系统。檐沟外排水宜采用重力流系统。对一般的居住建筑、屋面面积较小的公共建筑及单跨的工业建筑，雨水多采用屋面檐沟汇集，然后流入外墙的水落管排至屋外墙边地面或明沟内。若排入明沟，再经雨水口、连接管引到雨水检查井。

2）不允许室内地面冒水的建筑应采用密闭系统或外排水系统，不得采用敞开式内排水雨水系统。

3）屋面积水优先考虑天沟形式，雨水斗置于天沟内。

4）寒冷地区尽量采用内排水系统，内排水系统由雨水斗、悬吊管、立管、地下雨水管道及检查井组成。对于大面积建筑屋面、多跨的工业厂房、锯齿形和壳形屋面的工业厂房以及外观造型要求较高的建筑等，采用外排水有困难时，可采用内排水系统。

5）严禁屋面雨水接入室内生活污（废）水系统或室内生活污（废）水管道直接与屋面雨水系统相连。

（3）雨水系统的管材与附件。

1）重力流排水系统多层建筑宜采用建筑排水塑料管，高层建筑宜采用承压塑料管、金属管。

2）压力流排水系统宜采用内壁较光滑的带内衬的承压排水铸铁管、承压塑料管和钢塑复合管等，其管材工作压力应大于建筑物净高度产生的静水压。用于压力流排水的塑料管，其管材抗环行变形压力应大于 0.15MPa。

3）小区雨水排水系统可选用埋地塑料管、混凝土管或钢筋混凝土管、铸铁管等。

2. 雨水外排水系统工程图

（1）檐沟外排水系统。檐沟外排水系统又称为水落管排水系统，该系统由檐沟、雨水斗及水落管（立管）组成。

（2）天沟外排水系统由天沟、雨水斗、排水立管和排出管组成。该系统由天沟汇水后，流入雨水口和雨水立管，再由排出管流至室外雨水管渠。这种排水系统适用于长度不超过100m的多跨工业厂房，以及厂房内不允许布置雨水管道的建筑。

天沟外排水，应以建筑的伸缩缝或沉降缝作为屋面分水线。天沟的流水长度，应结合天沟的伸缩缝布置，一般不宜大于50m，其坡度不宜小于0.003。为防止天沟末端处积水，应在女儿墙、山墙上或天沟末端设置溢流口，溢流口比天沟上檐低 50～100mm。

天沟的断面形式可视屋面的情况而定，可以采用矩形、梯形、三角形或半圆形。天沟的做法，一般为在屋面板上铺设泡沫混凝土或炉渣，其上做防水层，再撒一层绿豆砂。天沟内用水泥砂浆抹面，也可采用预制钢筋混凝土槽，表面用1：2水泥砂浆抹面。

排水立管及排出管可采用铸铁管、UPVC 管，低矮厂房也可采用石棉水泥管。立管直接排水到地面时，需采取防冲刷措施，在湿陷性土壤地区，不准直接排水；在冰冻地区，立管需采取防冻措施。

3. 雨水内排水系统工程图识读

（1）雨水内排水系统分类。

按每根立管接纳雨水斗的个数，内排水系统分为单斗和多斗雨水排水系统。单斗排水系统一般不设悬吊管，在多斗排水系统中，悬吊管将几个雨水斗和排水立管连接起来。单斗系统较多斗系统排水的安全性好，所以应优先采用单斗雨水排水系统。

按排除雨水的安全和程度，内排水系统分为敞开式和密闭式。敞开式内排水系统是重力排水，由架空的管道将雨水引入建筑物内埋地管道和检查井或明渠内，然后由埋地管渠排出建筑。这种系统如果设计和施工不妥，常引起冒水现象，但该系统可接纳生产废水排入。密闭式排水系统为压力排水，在建筑物内设有密闭的埋地管和检查口，当雨水排泄不畅时，室内也不会发生冒水现象，该系统不能接纳生产废水排入。为安全起见，当屋面雨水为内排水系统时，宜采用密闭式系统。

（2）屋面雨水排水系统的布置与安装，具体见表3-3。

屋面雨水排水系统的布置与安装 表3-3

| 项 目 | 内 容 |
|---|---|
| 雨水斗 | （1）晒台、屋顶花园等供人们活动的屋面上，宜采用平箅式雨水斗<br>（2）布置雨水斗时，应以伸缩缝或沉降缝为排水分水线，否则应在该缝两侧各设1个雨水斗。当两个雨水斗连接在同一根立管或悬吊管上时，应采用伸缩接头，并保证密封<br>（3）在防火墙上设置雨水斗时，应在防火墙的两侧各设1个雨水斗。在寒冷地区，雨水斗应尽量布置在受室内温度影响的屋面及雪水易融化的天沟范围内，雨水立管应布置在室内<br>（4）雨水斗的间距除按计算决定外，还应根据建筑结构的特点（如柱子的布置等）确定，一般采用12～24m。天沟的坡度可采用0.003～0.006<br>（5）接入同一根立管的雨水斗，其安装高度应相同，当雨水立管的设计流量小于最大设计泄流量时，可将不同高度的雨水接入同一立管或悬吊管内<br>（6）多斗雨水排水系统宜对立管作对称布置，并不得在立管顶端设置雨水斗。雨水斗与屋面连接处必须做好防水处理。雨水斗的出水管管径一般不小于100mm。设在阳台、窗井很小汇水面积处的雨水斗可采用50mm |
| 连接管 | （1）连接管的管径不得小于雨水斗短管的管径，连接管应牢固地固定在建筑物承重结构（如桁架）上，管材可采用铸铁管或钢管<br>（2）多斗雨水排水系统中排水连接管应接至悬吊管上，连接管宜采用斜三通与悬吊管相连。变形缝两侧雨水斗的连接管，如合并接入一根立管或悬吊管上时，应采用柔性接头 |
| 悬吊管 | （1）悬吊管一般沿桁架或梁敷设，并牢固地固定其上。当采用多斗悬吊管时，一根悬吊管上设置的雨水斗不得多于4个<br>（2）悬吊管管径不得小于其雨水斗连接管管径，沿屋架悬吊时，其管径不宜大于300mm，其敷设坡度不得小于0.005。与雨水立管连接的悬吊管，不宜多于2根<br>（3）悬吊管的长度超过15m时，应设置检查口，检查口间距不得大于20m，其位置应靠近墙柱。悬吊管一般采用铸铁管，石棉水泥接口。在可能受到振动和生产工艺有特殊要求时，可采用钢管，焊接接口 |
| 立管 | （1）立管一般沿墙、柱明装。有特殊要求时，可暗装于墙壁槽或管井内，但必须考虑安装和检修方便，要设有检查口，并在检查口处设检修门。检查口中心至地面的距离宜为1.0m。立管的下端宜采用两个45°弯头或大曲率半径的90°弯头接入排出管<br>（2）立管一般采用铸铁管，石棉水泥接口，如管道有可能振动、工艺有要求时，可采用钢管焊接接口，外刷防锈漆。立管管径不得小于与其连接的悬吊管管径。当立管连接2根或2根以上悬吊管时，其管径不得小于最大一个悬吊管的管径。在寒冷地区雨水立管应布置在室内 |
| 排出管 | 排出管的管径不得小于立管的管径。排出管管材宜采用铸铁管，石棉水泥接口。当排出管穿越地下室墙壁时，应采取防水措施 |
| 埋地管 | 埋地管不得穿越设备基础及可能因浸水而发生危害的地下构筑物。埋地管的最小埋设深度可按建筑内部排水管道有关规定确定。埋地管坡度应按工业废水管道坡度的规定执行，并且不应小于0.003。封闭系统的埋地管道，应保证严密、不漏水。敞开系统的埋地管道起点检查井内，不宜接入生产废水排水管 |
| 检查井（口） | 封闭系统埋地管道交叉处或长度超过30m时，应设水平检查口，并应设检查口井 |

## 二、施工图识读

图 3-1 所示是屋顶平面图，主要表达标准层通气管位置以及屋面雨水口布置和水流组织等情况。限于篇幅，选取屋顶平面图的局部进行阅读，从图中可以看出：

（1）屋面标高为 19.90m。

（2）引上来的排水立管 FL-7、FL-8、WL-9、WL-10、WL-11 分别与通气管相连，直接引出屋面。

（3）该局部图中显示了四个雨水口，分别位于 ㉝/C1、㊲/C1、㊲/L、㉝/L、㉜/L 轴线相交处。

（4）在 ㉜ 和 ㉟ 轴之间有一个生活水箱，只可以看到箱体长度为 2m，与水箱连接的有一根控制水位的溢流管（管径 DN50），在水箱的一侧伸出一支 DN50的管道接生活给水系统的各个立管。

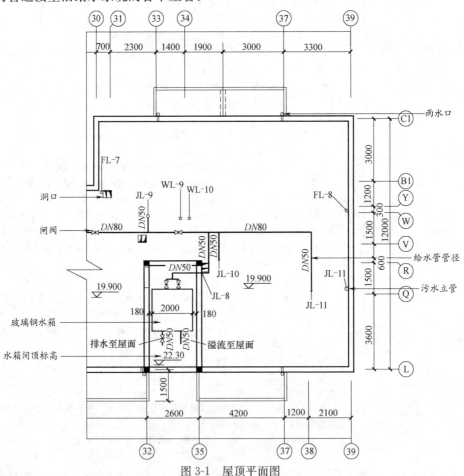

图 3-1 屋顶平面图

# 第4小时

# 跃层排水平面图识读

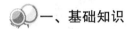

## 一、基础知识

### 1. 跃层概念

所谓跃层就是指住宅占有上下两层楼面，卧室、起居室、客厅、卫生间、厨房及其他辅助用房可以分层布置，上下层之间的交通不通过公共楼梯而采用户内独用小楼梯连接。跃层住宅是一套住宅占两个楼层，由内部楼梯联系上下层；一般在首层安排起居、厨房、餐厅、卫生间，最好有一间卧室，二层安排卧室、书房、卫生间等。内部空间借鉴了欧美小二楼独院住宅的设计手法，颇受海外侨胞和港澳台胞的欢迎。主要适合住房面积不大，但是又需要多间房间的屋主采用。

### 2. 图纸主要内容

（1）卫生器具的平面位置：如大小便器（槽）等。

（2）各立管、干管及支管的平面布置以及立管的编号。

（3）阀门及管附件的平面布置，如截止阀、水龙头等。

（4）必要的图例、标注等。

### 3. 读图要点

明确管道的走向、数量、位置，明确用水和排水房间的名称、位置、数量、楼（地）面标高等情况。

## 二、施工图识读

图 4-1 所示是某跃层上平面图，主要表达了该层室内排水立管位置、室内排水设施布置等内容。限于篇幅，仅选取图的局部进行识读，从图中可以看出：

（1）引上来的污水立管 WL-11 与卫生间的排水设备相连，给水立管 JL-11 与卫生间的给水设备相连，废水立管 FL-11 与储藏室相连。

（2）与污水立管连接的两条横管，一条接地漏和洗脸盆，另一条接大便器和盥浴盆。给水横管上安装了截止阀和水表，依次与洗脸盆、大便器、盥浴盆相连。

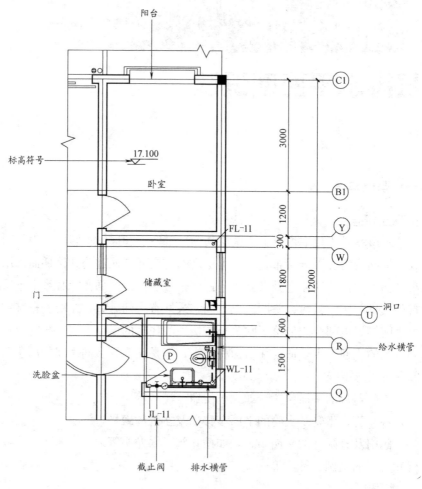

图 4-1　跃层上平面图

图4-2所示是跃层下平面图，表达的内容与跃层上平面图基本一致，排水立管位置、室内排水设施布置清晰可见。限于篇幅，仅选取图的局部进行识读，从图中可以看出：

（1）引上来的污水立管 WL-9 与卫生间的排水设备相连，给水立管 JL-9 与卫生间的给水设备相连，废水立管 FL-7 与厨房的排水设备相连。

（2）与污水立管连接的一条横管接地漏、大便器和盥浴盆，一条支管接洗脸盆。给水横管上安装了截止阀和水表，引出的横管上依次与洗脸盆、大便器、盥浴盆相连，另一支管直接引到厨房，与洗涤盆相连。

（3）废水立管引出的两支管分别与地漏和洗涤盆相连。

（4）给水横支管的管径为 $DN20$，暗埋在楼板找平层内。

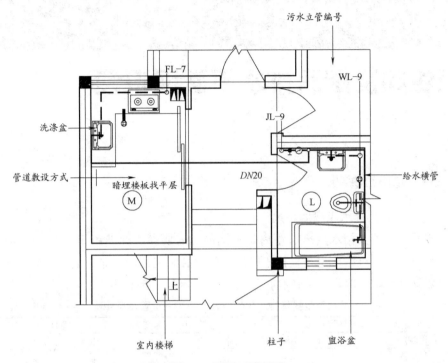

图 4-2 跃层下平面图

# 第5小时

# 卫生间及厨房排水平面图识读

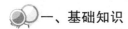一、基础知识

1. 卫生器具排水点离墙距离

不同卫生器具排水点离墙距离是不同的。需要参考标准图集09S304，但是标准图集中的"坑距"也是根据不同厂家的产品而定的，并非一个统一值。常用卫生器具排水配件穿越楼板留孔位置及尺寸可参考表5-1。

常用卫生器具排水配件穿越楼板留孔位置及尺寸 　　　　表 5-1

| 卫生器具 | 留孔中心距离墙面(mm) | 留孔中心离地高度(mm) | 留洞尺寸(mm) |
|---|---|---|---|
| 洗脸盆 | 170 | 450 | $\phi100$ |
| 坐便器 | 305 | 180 | $\phi200$ |
| 低水箱蹲便器 | 680 | — | $\phi200$ |
| 高水箱蹲便器 | 640 | — | $\phi200$ |
| 挂式小便器 | 100 | 480 | $\phi100$ |
| 落地式小便器 | 150 | — | $\phi100$ |
| 浴盆(不带溢流) | 50～250 | — | $\phi100$ |
| 浴盆(带溢流) | 250 | — | $\phi250\times300$ |

注：离地高度指排水管穿墙或是墙内设置排水管接口尺寸。

2. 卫生器具最小布置尺寸

卫生器具最小布置尺寸可参考表5-2。

卫生器具最小布置尺寸（mm） 　　　　表 5-2

| | |
|---|---|
| 洗脸盆、小便器、坐便器中心距侧墙 | ≥500 |
| 大便器隔间 | 900×1200(外开门)/1400(内开门) |
| 台盆、小便器中心距分别 | ≥700、750 |
| 浴盆长度：宾馆 | 1500～1800 |
| 　　　　　住宅 | 1200～1500 |
| 浴盆裙边与坐便器中心距 | ≥450 |
| 坐便器中心线与洗脸盆边缘距离 | ≥350 |

注：以上侧墙均指侧墙终饰面。

## 二、施工图识读

图 5-1 所示为厨房、卫生间的大样图，从图中可以看出：

废水立管 FL-8 和污水立管分别设置在厨房的西南角和卫生间的西北角；给水立管 JL-11 设置在卫生间的东北角。

洗脸盆存水弯、地漏、盥浴盆存水弯、坐式大便器的排出口依次接入排水横支管，再接入污水立管；厨房洗涤盆、地漏依次接入排水横支管，再接入废水立管 FL-8；给水横管上安装了截止阀和水表，洗脸盆、大便器、盥浴盆依次接入给水横支管，然后穿墙进入厨房，直接接入洗涤盆。

厨房和卫生间的西墙上安装了窗户。

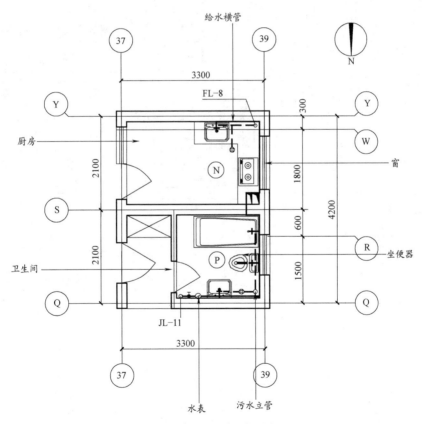

图 5-1　厨房、卫生间平面图（一）

图 5-2 所示厨房、卫生间的大样图。从图中可以看出：

废水立管 FL-4、FL-5 和污水立管 WL-6 分别设置在 Q 厨房西南角、R 厨房东南角（墙外）和 S 卫生间东北角。洗脸盆存水弯、地漏、盥浴盆存水弯、坐式大便器的排出口依次接入排水横支管，再接入污水立管 WL-6，Q 厨房洗涤盆和地漏分别接入排水横支管，再接入废水立管 FL-4，R 厨房洗涤盆和地漏分别接入排水横支管，然后穿墙接入废水立管 FL-5。

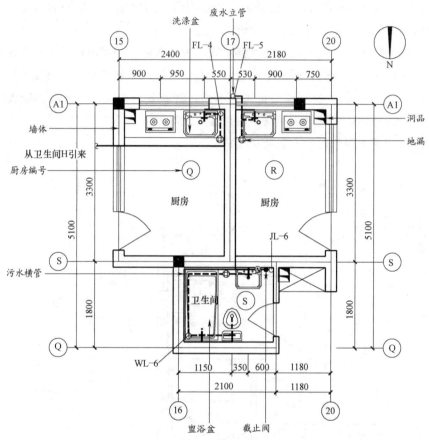

图 5-2　厨房、卫生间平面图（二）

# 第6小时

# 给水系统图识读

一、基础知识

### 1. 建筑内部给水系统的分类

建筑内部给水系统按用途一般分为三类，具体见表 6-1。

建筑内部给水系统分类 表 6-1

| 项　　目 | 内　　容 |
| --- | --- |
| 生活给水系统 | 为民用、公共建筑和工业企业建筑内的饮用、盥洗、洗涤、淋浴等生活方面用水所设的给水系统称为生活给水系统。生活给水系统除满足所需的水量、水压要求外，其水质必须严格符合国家规定的饮用水水质标准 |
| 生产给水系统 | 为工业企业生产方面用水所设的给水系统称为生产给水系统。例如冷却用水、锅炉用水等。生产用水对水质的要求因生产工艺及产品不同而异 |
| 消防给水系统 | 为建筑物扑救火灾用水而设置的给水系统称为消防给水系统。消防用水对水质要求不高，但必须符合建筑防火规范要求，保证有足够的水量和水压 |

### 2. 建筑内部给水系统的组成

建筑内部给水系统一般由引入管、给水管道、给水附件、给水设备、配水设施和计量仪表等组成，具体见表 6-2。

建筑内部给水系统的组成 表 6-2

| 项　　目 | 内　　容 |
| --- | --- |
| 引入管 | 从室外给水管网的接管点引至建筑物内的管段，一般又称为进户管。引入管段上一般设有水表、阀门等附件，有时根据要求还应设置管道倒流防止器 |
| 水表节点 | 水表节点是安装在引入管上的水表及其前后设置的阀门和泄水装置的总称。在引入管段上应设设水表，在其前后设设阀门、旁通管和泄水阀门等管路附件，并设置在水表井内，用来计量建筑物的总用水量。当建筑物只有一条引入管时，宜在水表井中设旁通管。温暖地区的水表井一般设在室外，寒冷地区为避免水表冻裂，可将水表井设在采暖房间内 |

续表

| 项　目 | 内　容 |
|---|---|
| 给水管道 | 由干管、立管、支管、分支管等组成的管道系统,用于输送和分配用水。干管,又称总干管,是将水从引入管输送至建筑物各区域的管段。立管,又称竖管,是将水从干管沿垂直方向输送至各楼层、各不同标高处的管段。支管,又称分配管,是将水从立管输送至各房间内的管段。分支管,又称配水支管,是将水从支管输送至各用水设备处的管段。给水管道包括干管、立管、支管和分支管。目前我国给水管道可采用钢管、铸铁管、塑料管和复合管等 |
| 给水附件 | 用于在管道系统中调节水量、水压,控制水流方向,改善水质,以及关断水流,便于管道、仪表和设备检修的各类阀门和设备。给水附件包括各种阀门(见表6-3)、水锤消除器、过滤器、减压孔板等管路附件 |
| 配水设施 | 即用水设施或配水点。生活、生产和消防给水系统管网的终端用水点上的设施即为配水设施。在生活给水系统中主要是指卫生器具的给水配件或配水龙头;在生产给水系统中主要指用水设备;在消防给水系统中主要指室内消火栓、消防软管卷盘、自动喷水灭火系统中的各种喷头 |
| 增压和贮水设备 | 增压和贮水设备包括升压设备和贮水设备,如水泵、水泵-气压罐升压设备;水箱、贮水池和吸水井等贮水设备 |
| 计量仪表 | 计量仪表是测量流量、压力、温度和水位等的专用计量仪表,如水表、流量表、压力计、温度计和水位计等 |

**阀门的类型**　　　　　　　　　　　　　　　　　　　　　　表 6-3

| 项　目 | 内　容 |
|---|---|
| 截止阀 | 特点是关闭严密,但水流阻力较大,因局部阻力系数与管径成正比,故只适用于管径≤50mm的管道 |
| 闸阀 | 全开时水流直线通过,水流阻力小,宜在管径>50mm的管道上采用,但水中若有杂质落入阀座,则易产生磨损和漏水 |
| 蝶阀 | 阀板在90°翻转范围内可起调节、节流和关闭作用,其操作扭矩小,启闭方便,结构紧凑,体积小 |
| 止回阀 | 用以阻止管道中水的反向流动 |
| 液位控制阀 | 用以控制水箱、水池等贮水设备的水位,以免溢流 |
| 液压水位控制阀 | 当水位下降时阀内浮筒下降,管道内的压力将阀门密封面打开,水从阀门两侧喷出,水位上升,浮筒上升,活塞上移使阀门关闭则停止进水。它克服了浮球阀的弊病,是浮球阀的升级换代产品 |
| 安全阀 | 安全阀是一种保安器材,为避免管网、用具或密闭水箱超压被破坏,需安装此阀,一般有弹簧式、杠杆式两种 |

## 3. 建筑内部给水方式图

(1) 选择给水方案的一般原则。

1) 保证满足生产、生活用水要求的前提下,力求节约用水、保护水质。

2) 尽量利用外网水压,力求系统简单、经济、合理。

3) 供水安全、可靠。

4) 施工、安装、维修方便。

5) 当静压过大时,要考虑竖向分区供水,以防卫生器具的零件承压过大,裂损漏水。

(2) 建筑内部给水方式。

根据水头 $H_0$(市政管网所能提供的水头)与建筑物所需水头 $H$ 之间的关系,给水方式可分为以下几种情况,见表 6-4。

建筑内部给水方式 表 6-4

| 项 目 | 内 容 | 示意图 |
|---|---|---|
| 直接给水方式 | 当室外给水管网的水量、水压一天内任何时间都能满足室内管网的水量、水压要求时,应充分利用外网压力,采用直接给水方式,使室内管网直接在外网压力的作用下工作。直接给水方式的特点是:系统最简单,能充分利用外网压力。但室内没有贮备水量,外网一旦停水,内部立即断水 | 配水龙头<br>阀门<br>水表<br>泄水阀<br>逆止阀 |
| 单设水箱的给水方式 | 引入管与外网管道相连接,通过立管直接送入屋顶水箱,水箱出水管与布置在水箱下面的横干管相连,水箱进水管、出水管上无逆止阀,实际上水箱已成为各用水器具用水的必经之路(相当于外网水的断流箱)。既可保证水箱水随进随出,水质新鲜,又可保证水压稳定,但对防冻、防漏要求高。这种方式的缺点是:水箱贮水量要求保证缺水时的最大用水量,否则会造成上、下层同时断水 | 水箱<br>泄水管<br>水表<br>进户管 |

续表

| 项　目 | 内　　容 | 示意图 |
|---|---|---|
| 单设水箱的给水方式 | 水箱进水、出水合用1根立管,只是在水箱底部才分为2根管,1根管为进水管,另1根管为出水管。外网水压高时,外网既向水箱供水也向用户供水,外网水压不足时,由水箱补充不足部分。系统要求:水箱出水管要设逆止阀,保证只出不进,以防止水从出水管进入水箱,冲起沉淀物。在房屋引入管上也要设置逆止阀,为了防止外网压力低时,水箱里的水向户外倒流。横干管设在底部,可以充分利用外网水压,并可以简化防冻、防漏措施。缺点是:水箱水用尽时,用水器具水压会受到外网压力影响 | |
| 设置水泵和水箱的联合给水方式 | 当室外给水管网的水压经常性低于或周期性低于建筑内部给水管网所需的水压,而且建筑物内部用水又很不均匀时,可采用设置水泵、水箱联合供水方式 | — |
| 设水泵的给水方式 | 当一天内室外给水管网的水压大部分时间满足不了建筑内部给水管网所需的水压,而且建筑物内部用水量较大又较均匀时,可采用单设水泵增压的供水方式。工业企业、生产车间常采用这种方式,根据生产用水的水量和水压,选用合适的水泵加压供水 | |
| 水池、水泵、水箱联合给水方式 | 当外网水压低于或经常不能满足建筑内部给水管网所需的水压,而且不允许直接从外网抽水时,必须设置室内贮水池,外网的水送入水池,水泵能及时从贮水池抽水,输送到室内管网和水箱 | |

续表

| 项　　目 | 内　　容 | 示意图 |
|---|---|---|
| 分区供水的给水方式 | 高层建筑内所需的水压比较大,而卫生器具给水配件承受的最大工作压力不得大于 0.6MPa。故高层建筑应采用竖向分区供水的给水方式,其主要目的是,避免用水器具处产生过大的静水头,造成管道及附件漏水、损坏、低层出流量大、产生噪声等 | 同上 |

4. 给水系统图识读

查明给水管道系统的具体走向,干管的布置方式,管径尺寸及其变化情况,阀门的设置,引入管、干管及各支管的标高。识图时按引入管、干管、立管、支管及用水设备的顺序进行。

### 二、施工图识读

图 6-1 所示为室内给水系统图。主要表达了给水系统编号、管道及其附件与建筑的关系、各管段管径、主要管件的位置以及建筑标高、管道标高、管道埋深等内容。阅读室内给水系统图时,应结合各层平面图,从室外给水引入管开始,沿水流方向经干管、支管到用水设备。限于篇幅,仅选取了 1~4 层的给水系统图进行识读,从图中可以看出:

(1) 整个住宅楼由室外给水管网直接供水,室内给水分为 4 个子系统。

(2) 给水系统的水平干管从室外相对标高 $-0.800$m 处由北面引入,入楼后垂直向上走 1.300m 接三通,三通的一侧水平向东敷设一段距离,再垂直向上进入楼内,沿首层楼梯间水平向南敷设,在该支管上安装阀门和水表,再垂直向上走,在距离首层室内地坪 3.00m 处,进入二楼住户。三通的另一侧 ($DN80$) 水平向南敷设一段距离,再垂直向上进入楼内,在距离首层室内地坪 0.900m 处接一个三通,三通的一侧 ($DN50$) 水平向上敷设,在该支管上安装阀门和水表,再垂直向上走,在距离首层室内地坪 3.900m 处,进入一楼另一侧住户,三通另一侧 ($DN40$) 垂直向上进入三层,再通过给水立管向 3~8 层供水。

(3) 给水立管编号分别与各层平面图中立管的编号相对应。

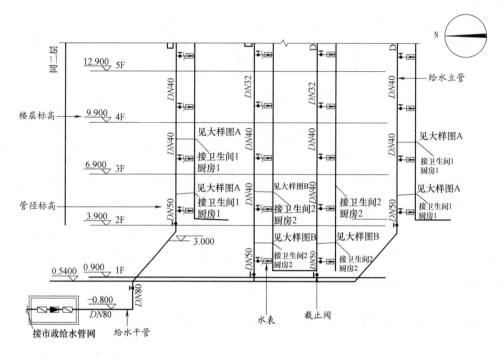

图 6-1　给水系统图

# 第7小时

# 首层给水平面图识读

## 一、基础知识

1. 建筑给水平面图识读注意事项

给水平面图应表达给水管线和设备的平面布置情况。

建筑内部给水以选用的给水方式来确定平面布置图的数量。底层及地下室必绘；顶层若有水箱等设备，也须单独给出；建筑物中间各层，如卫生设备或用水设备的种类、数量和位置均相同，可绘一张标准层平面图，否则，应逐层绘制。平面图中应突出管线和设备，即用粗线表示管线，其余均为细线。

2. 给水平面图表达的内容

用水房间和用水设备的种类、数量、位置等；各种功能的管道、管道附件、卫生器具、用水设备，如消火栓箱、喷头等，均应用图例表示；各种横干管、立管、支管的管径、坡度等均应标出；各管道、立管均应编号标明。

3. 给水平面图的识读

（1）查明卫生器具、用水设备和升压设备的类型、数量、安装位置及定位尺寸。在识读时须结合有关详图和技术资料，搞清楚这些器具和设备的构造、接管方式及尺寸。

（2）弄清给水引入管的平面位置、走向、定位尺寸、与室外给水管网的连接形式、管径及坡度。给水引入管上一般都装有阀门，通常设于室外阀门井内。

（3）查明给水干管、立管、支管的平面位置与走向、管径尺寸及立管的编号。从平面图上可清楚地查明管道是明装还是暗装，以确定施工方法。

（4）消防给水管道要查明消火栓的布置、口径大小及消防箱的形式与位置。

（5）在给水管道上设置水表时，必须查明水表的型号、安装位置、表前后阀门的设置情况。

**4. 给水管道的布置**

给水管道的布置具体见表7-1。

给水管道的布置 表7-1

| 项 目 | 内 容 |
|---|---|
| 基本要求 | (1)确保供水安全和良好的水力条件,力求经济合理<br>(2)保护管道不受损坏<br>(3)不影响生产安全和建筑物的使用<br>(4)便于安装维修 |
| 布置形式 | (1)给水管道的布置按供水可靠程度要求可分为枝状和环状两种形式,前者单向供水,供水安全可靠性差,但节省管材,造价低;后者管道相互连通,双向供水,安全可靠,但管线长造价高<br>(2)一般建筑内给水管网宜采用枝状布置。按水平干管的敷设位置又可分为上行下给、下行上给和中分式三种形式,干管设在顶层天花板下、吊顶内或技术夹层中,由上向下供水的为上行下给式,适用于设置高位水箱的居住与公共建筑和地下管线较多的工业厂房;干管埋地、设在底层或地下室中,由下向上供水的为下行上给式,适用于利用室外给水管网水压直接供水的工业与民用建筑;水平干管设在中间技术层内或中间某层吊顶内,由中间向上、下2个方向供水的为中分式,适用于屋顶用作露天茶座、舞厅或设有中间技术层的高层建筑。同一幢建筑的给水管网也可同时兼有以上两种形式 |

**5. 管道敷设**

(1) 敷设形式。给水管道的敷设有明装、暗装两种形式,具体见表7-2。

管道敷设形式 表7-2

| 项 目 | 内 容 |
|---|---|
| 明装 | 即管道外露,其优点是安装维修方便、造价低,但外露的管道影响美观,表面易结露、积灰尘,一般用于对卫生、美观没有特殊要求的建筑 |
| 暗装 | 即管道隐藏,如敷设在管道井、技术层、管沟、墙槽、顶棚或夹壁墙壁中,直接埋地或埋在楼板的垫层里,其优点是管道不影响室内的美观、整洁,但施工复杂,维修困难,造价高。适用于对卫生、美观要求较高的建筑如宾馆、高级公寓和要求无尘、洁净的车间、实验室、无菌室等 |

(2) 敷设要求。给水横管穿承重墙或基础、立管穿楼板时均应预留孔洞,暗装管道在墙中敷设时,也应预留墙槽,以免临时打洞、刨槽影响建筑结构的强度。管道预留孔洞和墙槽的尺寸,详见表7-3。横管穿过预留洞时,管顶上部净空不得小于建筑物的沉降量,以保护管道不致因建筑沉降而损坏。一般不小于0.1m。

给水管采用软质的交联聚乙烯管或聚丁烯管埋地敷设时,宜采用分水器配水,并将给水管道敷设在套管内。

**6. 管道防护**

给水管道预留孔洞、墙槽尺寸 表7-3

| 管道名称 | 管径(mm) | 明管留空尺寸<br>长(高)×宽(mm×mm) | 暗管墙槽尺寸<br>宽×深(mm×mm) |
|---|---|---|---|
| 立管 | ≤25 | 100×100 | 130×130 |
| | 32～50 | 150×150 | 150×130 |
| | 70～100 | 200×200 | 200×200 |
| 两根立管 | ≤32 | 150×100 | 200×130 |
| 横支管 | ≤25 | 100×100 | 60×60 |
| | 32～40 | 150×130 | 150×100 |
| 引入管 | ≤100 | 300×200 | — |

(1) 防腐。明装和暗装的金属管道都要采取防腐措施，以延长管道的使用寿命。通常的防腐做法是管道除锈后，在外壁刷涂防腐涂料。

(2) 防冻、防露。设在温度低于零度以下位置的管道和设备，为保证冬季安全使用，均应采取保温措施。

(3) 防漏。由于管道布置不当，或管材质量和施工质量低劣，均能导致管道漏水，不仅浪费水量，影响给水系统正常供水，还会损坏建筑。

(4) 防振。当管道中水流速度过大时，启闭水龙头、阀门，易出现水锤现象，引起管道、附件的振动，不但会损坏管道附件造成漏水，还会产生噪声。

## 二、施工图识读

图7-1所示是某首层给水平面图，主要表达了给水设施在建筑首层中所处的位置、给水管道的平面走向、管道的尺寸、穿过首层的给水立管编号、室外给水引入管平面位置。限于篇幅，仅选取首层平面图的局部进行阅读，从该图中可以看出：

(1) 室内供水是从室外管网由建筑外的东侧接入，室内、外管道的划分以阀门井为界。

(2) 室外给水管道的管径为$DN100$，室内给水管道管径为$DN50$，引入管管径为$DN80$，接室外消火栓的管道管径为$DN100$。

(3) 给水管道（$DN50$）从建筑物东侧进入房间，依次与卫生间P的洗脸盆、大便器、盥浴盆相连，然后穿墙进入厨房，与洗涤盆相连。

(4) 厨房的废水经支管流入废水立管FL-8，然后流入室外检查井；卫生间的污水经横管流入污水立管WL-11，然后排入室外检查井。

(5) 16号检查井的内径为$\phi1000$，井底标高为1.84m，室外消火栓的型号规格为 SS100/65-1.0，安装方法参考图集 01S201。

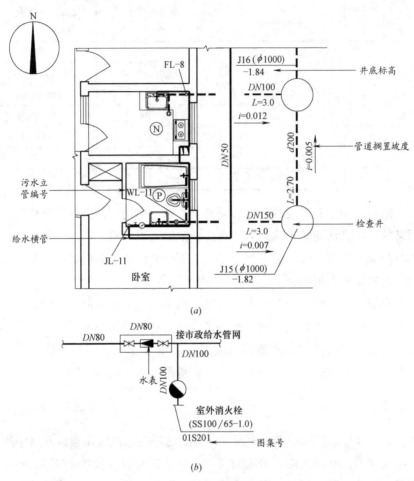

(a)

(b)

图 7-1　首层给水平面图

# 第8小时

# 屋面给水平面图识读

## 一、基础知识

1. 屋面给水平面图的识读重点

给水立管伸出屋面的位置及编号；屋面雨水口的位置和水流组织情况；分水线的位置；生活水箱的设置及其附件的尺寸规格。

2. 屋顶水箱

屋顶水箱是利用其处于建筑物顶部，具有较高的势能，储蓄一部分水，能在一定的时间内对下部管网形成近似的恒定流，以利各用水点的使用。

水箱应设进水管、出水管、溢流管、泄水管、水位信号装置，以及液位计、通气管、人孔、内外爬梯等附件。

（1）进水管：水箱进水管一般从侧壁接入，也可以从底部或顶部接入。

当水箱利用管网压力进水时，其进水管出口处应设浮球阀或液压阀，浮球阀一般不少于 2 个。浮球阀直径与进水管直径相同，每个浮球阀前应装有检修阀门。

（2）出水管：水箱出水管可从侧壁或底部接出。从侧壁接出的出水管内底或从底部接出时的出水管口顶面，应高出水箱底 50mm。出水管口应设置闸阀。

水箱的进、出水管应分别设置，当进、出水管为同一条管道时，应在出水管上装设止回阀。

当需要加装止回阀时，应采取阻力较小的旋启式止回阀代替升降式止回阀，且标高应低于水箱最低水位 1m 以上。

（3）溢流管：水箱溢流管可从侧壁或底部接出，其管径应按排泄水箱最大入流量确定，并宜比进水管大 1～2 号。溢流管管上不得安装阀门。

溢流管不得与排水系统直接连接，必须采用间接排水，溢流管上应有防止尘土、昆虫、蚊蝇等进入的措施，如设置水封、滤网等。

（4）泄水管：水箱泄水管应自底部最低处接出。泄水管上装有闸阀（不应装截止阀），可与溢流管相接，但不得与排水系统直接连接。泄水管管径在无特殊要求下，管径一般采用 $DN50$。

（5）通气管：生活水箱应设有密封箱盖，箱盖上应设有检修入口和通气管。通气管可伸至室内或室外，但不得伸到有害气体的地方，管口应有防止灰尘、昆虫和蚊蝇进入的滤网，一般应将管口朝下设置。通气管上不得装设阀门、水封等妨碍通气的装置。通气管不得与排水系统和通风道连接。通气管一般采用 $DN50$ 的管径。

（6）液位计：一般应在水箱侧壁上安装玻璃液位计，用于就地指示水位。在一个液位计长度不够时，可上下安装两个或多个液位计，相邻两个液位计的重叠部分，不宜少于 70mm。若在水箱未装液位信号计时，可设信号管给出溢水信号。信号管一般自水箱侧壁接出，其设置高度应使其管内底与溢流管底或喇叭口溢流水面平齐。管径一般采用 $DN15$。信号管可接至经常有人值班房间内的洗脸盆、洗涤盆等处。

若水箱水位与水泵连锁，则在水箱侧壁或顶盖上安装液位继电器或信号器，常用的液位继电器或信号器有浮球式、杆式、电容式与浮平式等。

水泵压力进水的水箱的高低电控水位均应考虑保持一定的安全容积，停泵瞬时的最高电控水位应低于溢流水位 100mm，而开泵瞬时的最低电控水位应高于设计最低水位 20mm，以免由于误差而造成溢流或放空。

水箱盖、内外爬梯及其他附件，可参考相关标准图集制作安装。

消防水箱是为消防给水系统（消火栓系统和自动喷水系统）提供水量和水压的蓄水装置，其水源来自于生活给水系统。有的工程中生活水箱和消防水箱形状、材质、构造、容积相同，有的工程两水箱距离也很近，很容易混淆不清；有时候设计师未在图上标明水箱的使用功能；所以在识图时应该仔细沿着水箱上所配管道查找，生活水箱的进出水管都是连接在生活给水系统上的，而消防水箱的进水管连接在生活给水系统上，而出水管连接在消防给水系统上。

## 二、施工图识读

图 8-1 所示是某屋面给水平面图，主要表达了通气管位置以及屋面雨水口布置和水流组织情况。限于篇幅，仅选取屋面平面图的局部进行阅读，从该图中可以看出：

（1）屋面的材料选用架空珍珠岩隔热砖。

（2）引上来的给水立管 JL-2、JL-3 分别与通气管相连接，直接引出屋面。

（3）在⑦、⑨、⑪轴设有雨水口；⑧号轴线的附加轴线处设有分水线。

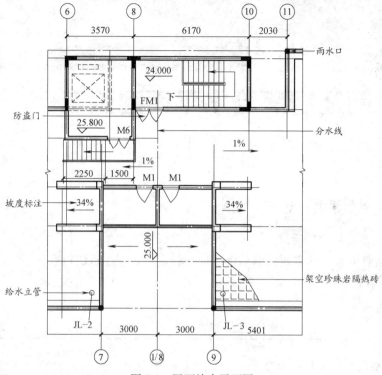

图 8-1　屋面给水平面图

# 第9小时
# 卫生间及厨房给水平面图识读

一、基础知识

1. 给水管管材的选择

给水管的管径确定要根据采用哪种管材，金属管还是塑料管，卫生间一般采用 PP-R 管材，但是 PP-R 又分为 S5、S4、S3.2、S2.5、S2 五种系列，系列选择可参考表 9-1。

冷水管、热水管设计压力的管系列选择                                                表 9-1

| 类别 | 材料 | 设计压力（MPa） | | |
|------|------|-------------|---|---|
| | | $P \leqslant 0.6$ | $0.6 < P \leqslant 0.8$ | $0.8 < P \leqslant 1.0$ |
| 冷水管 | PP-R | S5 | S5 | S4 |
| | PP-B | S5 | S4 | S3.2 |
| 热水管 | PP-R | S3.2 | S2.5 | S2 |

2. 卫生间给水点的标高

卫生器具给水配件安装高度可参考表 9-2。

卫生器具给水配件安装高度                                                        表 9-2

| 卫生器具给水配件名称 | 给水配件中心离地面高度（mm） | 连接管公称直径（mm） |
|------------------|----------------------|------------------|
| 1. 污水池（落地式） | 800 | 15/20 |
| 2. 洗涤盆（池） | 1000 | 15/20 |
| 3. 洗脸盆、洗手盆 | | |
| 下配式 | 800～820 | 15 |

续表

| 卫生器具给水配件名称 | 给水配件中心离地面高度(mm) | 连接管公称直径(mm) |
|---|---|---|
| 下配进水角阀 | 450 | 15 |
| 普通水龙头(上配水) | 900～1000 | 15 |
| 4. 盥洗槽 | 1000 | — |
| 5. 浴盆 | 650 | 15 |
| 6. 淋浴器 | 1150 | 15 |
| 7. 蹲式大便器(从台阶面算起) | | |
| 高水箱进水角阀或截止阀 | 2048 | 15 |
| 低水箱进水角阀 | 600 | 15 |
| 自闭式冲洗阀 | 800～850 | 25 |
| 液压脚踏式冲洗阀 | 750 | 25 |
| 8. 坐式大便器 | | |
| 低水箱进水角阀(下配水) | 150～200 | 15 |
| 低水箱进水角阀(侧配水) | 500～750 | 15 |
| 连体水箱进水角阀(下配水) | 60～100 | 15 |
| 自闭式冲洗阀 | 775～785 | 25 |

## 二、施工图识读

图 9-1 所示是某厨房、卫生间大样图，主要表达了厨房、卫生间内各给水末端设备的位置、给水支管的位置、尺寸和标高等。每个厨房和卫生间内管道的空间走向应结合其平面图和轴测图进行阅读，从图中我们可以看出：

（1）给水立管 JL-1（管径 $DN32$）设置在厨房的东南角。

（2）给水立管（管径 $DN32$）在标高±0.000m 处引出一条水平向西的支管与 JL-2 相接；在标高 1.200m 处引出两条支管，一条支管（管径 $DN15$）水平向北与厨房的洗涤盆相接，另一条支管（管径 $DN20$）水平向西再水平向南穿墙进入卫生间，又引出两条支管（管径 $DN15$），一条支管与坐式大便器相接，另一条支管与洗脸盆相接。

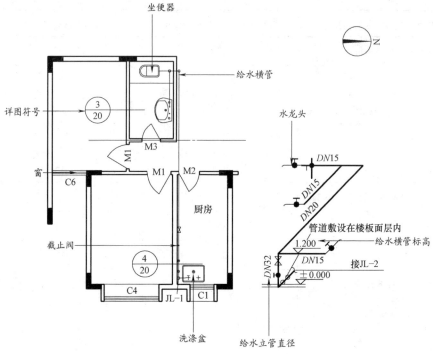

图 9-1 厨房、卫生间大样图

# 第10小时
# 热水系统图识读

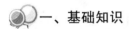一、基础知识

1. 热水供应的系统方式

依据热水供应范围的不同，其供应的系统方式分为两种，见表 10-1。

热水供应的系统方式　　　　　　　　　　　　　　表 10-1

| 项　目 | 内　容 |
| --- | --- |
| 局部热水供应系统 | （1）炉灶炉膛余热加热水的供应方式。这种方式适用于单户或单个房间（如卫生所的手术室）需用热水的建筑。它的基本组成有加热套筒或盘管、贮水箱及配水管三部分。选用这种方式要求卫生间尽量靠近设有炉灶的厨房、开水间等，方可使装置及管道紧凑、热效率高<br>（2）小型单管快速加热和汽水直接混合加热的方式。在室外有蒸汽管道，室内仅有少量卫生器具使用热水，可以选用这种方式。小型单管快速加热用的蒸汽可利用高压蒸汽亦可利用低压蒸汽。采用高压蒸汽时，蒸汽的表压不能超过 0.25MPa，以避免发生意外的烫伤人体的事故。混合加热一定要使用低于 0.07MPa 的低压锅炉<br>（3）管式太阳能热水器的热水供应方式。它是利用太阳照向地球表面的辐射热，把保温箱内盘管（或排管）中的低温水加热后送到贮水箱（罐）以供使用 |
| 集中热水供应系统 | （1）干管下行上给式全循环管网方式。其工作原理为：锅炉生产的蒸汽，经蒸汽管送到水加热器中的盘管（或排管）把冷水加热，从加热器上部引出配水干管把热水输配到用水点，为了保证热水温度而设置热水循环干管和立管<br>（2）干管上行下给式全循环管网方式。这种方式一般适用在五层以上，并且对热水温度的稳定性要求较高的建筑。这种系统因配、回水管高差大，往往可以不设循环水泵而能自然循环（必须经过水力计算）。采用这种方式的缺点是维护和检修管道不便<br>（3）干管下行上给式半循环管网方式。适用于对水温的稳定性要求不高的五层以下的建筑物，这种方式比下行上给式全循环管网方式节省管材<br>（4）不设循环管道的上行式管网方式。适用于浴室、生产车间等建筑物内。这种方式的优点是节省管材。缺点是每次供应热水前，需要排泄掉管中冷水 |

## 2. 高层建筑热水分区供应方式

高层建筑热水分区供应方式见表10-2。

分区供水方式            表10-2

| 项　目 | 内　容 |
|---|---|
| 集中设置水加热器、分区设置热水管网的供水方式 | 各区热水配水循环管网自成系统,水加热器、循环水泵集中设在底层或地下设备层,各区所设置的加热器或贮水器的进水由同区给水系统供给。其优点是:各区供水自成系统,互不影响,供水安全可靠;设备集中设置,便于维修、管理。其缺点是:高区水加热器和配、回水主立管管材需承受高压,设备和管材费用较高。所以该分区形式不宜用于多于3个分区的高层建筑 |
| 分散设置水加热器、分区设置热水管网的供水方式 | 各区热水配水循环管网也自成系统,但各区的加热设备和循环水泵分散设置在各区的设备层中。该方式的优点是:供水安全可靠,且水加热器按各区水压选用,承压均衡且回水立管短。其缺点是:设备分散设置不但要占用一定的建筑面积,维修管理也不方便,且热媒管线较长 |
| 分区设置减压阀、分区设置热水管网的供水方式 | (1)高低区分设水加热器的系统。两区水加热器均由高区冷水高位水箱供水,低区热水供应系统的减压阀设在低区水加热器的冷水供水管上。该系统适用于低区热水用水点较多,且设备用房有条件分区设水加热器的情况<br>(2)高低区共用水加热器的系统,低区热水供水系统的减压阀设在各用水支管上。该系统适用于低区热水用水点不多,用水量不大,且分散及对水温要求不严(如理发室、美容院)的建筑。高低区回水管汇合点处的回水压力由调节回水管上的阀门平衡<br>(3)高低区共用水加热器系统的另一种方式,高低区共用供水立管,低区分户供水支管上设减压阀。该系统适用于高层住宅、办公楼等高低区只能设一套水加热设备或热水用量不大的热水供应系统 |

## 3. 热水管道的布置要求

热水管网的布置和敷设,除了满足给(冷)水管网布置敷设的要求外,还应该注意由于水温高带来的体积膨胀、管伸缩补偿、保温、排气等问题。

对于下行上给的热水管网,水平干管可敷设在室内地沟内,或地下室顶部。对于上行下给的热水管网,水平干管可敷设在建筑物最高层吊顶或专用设备技术层内。干管的直线段应设置足够的伸缩器,上行下给管网最高点应设自动排气装置,下行上给管网可利用最高配水点排气,故循环回水立管应在配水立管最高配水点下≥0.5m处连接。为便于排气和泄水,热水横管均应有与水流相反的坡度,其值一般≥0.003,并在管网的最低处设泄水阀门,以便检修时泄空管网存水。

根据建筑物的使用要求,热水管网也有明装和暗装两种形式。明装管道尽可能在卫生间、厨房沿墙、柱敷设,一般与冷水管平行。暗装管道可布置在管道竖井或预留沟槽内。

## 4. 热水管道布置图的识读

一般高层建筑热水供应的范围大，热水供应系统的规模也较大，为确保系统运行时的良好工况，进行管网布置与敷设时，应注意以下几点：

（1）当分区范围超过5层时，为使各配水点随时得到设计要求的水温，应采用全循环或立管循环方式；当分区范围小，但立管数多于5根时，应采用干管循环方式。

（2）为防止循环流量在系统中流动时出现短流，影响部分配水点的出水温度，可在回水管上设置阀门。通过调节阀门的开启度，平衡各循环管路的水头损失和循环流量。若因管网系统大，循环管路长，用阀门调节效果不明显时，可采用同程式管网布置形式。

（3）为提高供水的安全可靠性，尽量减小管道附件检修时的停水范围，或充分利用热水循环管路提供的双向供水的有利条件，放大回水管管径，使其与配水管径接近，当管道出现故障时，可临时作配水管使用。

## 二、施工图识读

图10-1所示为某热水系统图。由图中可以看出：热水由太阳能热水器直接接给水立管（管径$DN15$），标高为室内标高$H+2.500$m，在室内标高$H+0.350$m处分出两条方向相反的支管（管径$DN15$），分别与不同的用水器具相接，其中一条支管有一节在标高为$H+0.250$m处管径为$DN20$。

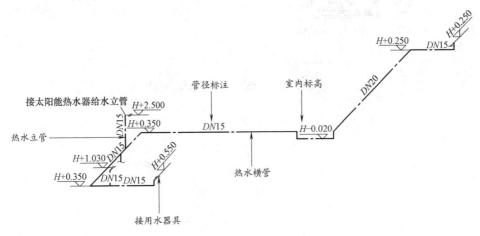

图10-1 卫生间及厨房热水系统图

图10-2所示是卫生间及厨房大样图。主要表达了卫生间及厨房热水末端设备的位置、热水给水支管的布置、尺寸和标高等。每个卫生间内管道的空间走向应结合其平面图和轴测图进行阅读，从图中可以看出：

（1）在厨房和卫生间各有一污水系统，分别为 WL-4 和 WL-3。

（2）给水支管管径为 $DN20$，热水管管径为 $DN15$。

（3）卫生间地面安设了两个地漏，一侧墙面设有 $250mm \times 350mm \times 200mm$ 的壁龛。

（4）洗脸盆距离墙体 500mm，大便器距离墙体 1150mm。

（5）太阳能热水器给水立管引出两条支管，一条接洗脸盆（管径 $DN15$），一条引到厨房，直接接入洗菜盆。

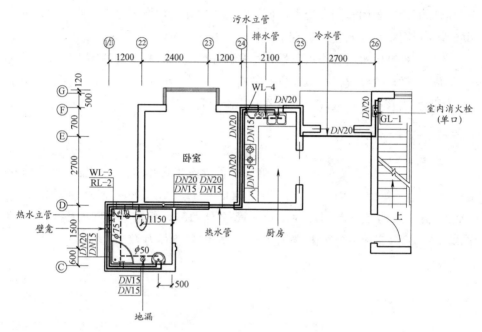

图 10-2　热水系统平面图

# 第11小时
# 中水工艺流程图识读

## 一、基础知识

### 1. 中水工程简介

中水工程是指以生活污水作为水源，经过适当处理后回用于建筑物或居住小区，作为杂用水的供水系统。其水质指标低于生活饮用水水质标准，但高于污水排入地面水体的排放标准。"中水"一词源于日本，因其水质介于"上水（给水）"和"下水（排水）"之间，相应的技术为中水道技术。对于淡水资源缺乏、城市供水严重不足的地区，采用中水道技术既能节约水资源，又能使污水无害化，是防治水污染的重要途径。

### 2. 中水回用工艺流程

为了将污水处理成符合中水水质标准的水，一般要进行三个阶段的处理。

（1）预处理。该阶段主要有格栅和调节池两个处理单元，主要作用是去除污水中的固体杂质并均匀水质。

（2）主处理。该阶段是中水回用处理的关键，主要作用是除去污水中的溶解性有机物。

（3）后处理。该阶段主要以消毒为主，对出水进行深度处理，保证出水达到中水水质标准。

### 3. 中水系统的分类

中水系统根据其服务范围可以分为三类：建筑中水系统、小区中水系统和城镇中水系统。

建筑中水系统是指单幢建筑物或几幢相邻建筑物所形成的中水系统，系统框图见图11-1。建筑中水系统适用于建筑内部的排水系统采用分流制的情况，生活污水单独排入城市排水管网或化粪池。水处理设施设在地下室或邻近建筑物的外部。建筑内部由生活饮用水管网和中水供水管网分质供水。目前，建筑中水系统主要在宾馆、饭店中应用。

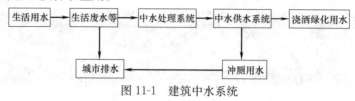

图 11-1　建筑中水系统

小区中水系统的中水源头，取自居住小区内各建筑物排放的污、废水。可根据居住小区所在城镇排水设施的完善程度，确定室内排水系统，但应使居住小区给水排水系统与建筑内部给水排水系统相配套。目前，采用自建中水处理系统的居住小区内多采用分流制，以杂排水为中水水源。居住小区和建筑内部供水管网分为生活饮用水和杂用水双管路配水系统。此系统多用于居住小区、机关大院和高等院校等。系统框图见图 11-2。

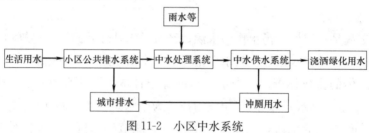

图 11-2　小区中水系统

图 11-3 为城镇中水系统框图，该系统以城镇及生物处理污水厂的出水和部分雨水为中水水源，经提升后送到中水处理站，处理达到生活杂用水水质标准后，供本城镇作杂用水使用。城镇中水系统不要求室内外排水系统必须污、废水分流，但城镇应有污水处理厂，城镇和建筑内部供水管网应分为生活饮用和杂用双管路配水系统。

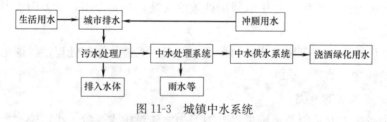

图 11-3　城镇中水系统

4. 中水系统的组成

（1）中水原水部分是指收集输送中水处理设施的管理系统和一些附属构筑物。根据中水原水的水质，中水原水系统可分为污、废水分流制和合流制两类。合流制是以全部生活排水为中水水源，集取容易，不需要另设污、废水分流排水管道，管网建设费用大大减少。我国的中水试点工程是以生活排水作为中水水源的，后经不断实践，发现中水原水系统宜采用污、废水分流制。

（2）中水处理设施的设置应根据中水原水水量、水质和使用要求等因素，经过技术经济比较后确定。一般将整个处理过程分为预处理、主处理和后处理三个阶段。预处理用来截留大的漂浮物、悬浮物和杂物。其工艺包括格栅或滤网截留、油水分离、毛发截留、调节水量、调整 pH 值。主处理是除去水中的有机物、无机物等。按采用的处理工艺，构筑物有沉淀池、混凝池、生物处理设施、消毒设施等。后处理是对中水供水水质要求很高时进行的深度处理，常用的工艺有过滤、膜分离、活性炭吸附等。

（3）中水供水系统单独设立，包括配水管网、中水贮水池、中水高位水箱、中水泵站或中水气压给水设备。中水供水系统的供水方式、系统组成、管道敷设方式及水力计算与给水系统基本相同，只是在供水范围、水质、使用等方面有些限定和特殊要求。

## 二、施工图识读

图 11-4 所示为某中水处理工艺流程图。限于篇幅，先截取了流程的前几个步骤进行识读，后续见图 11-5。从图中可以看出：

中水原水先通过格栅除去中水水源中固体、杂物、纤维状杂质及毛发，然后流入调节池调节水质，再进入一级接触氧化池，通过加药装置对其进行加药处理，进入二级接触氧化池，继续对其进行加药处理，然后通过中间水箱用加压泵对其进行加压。

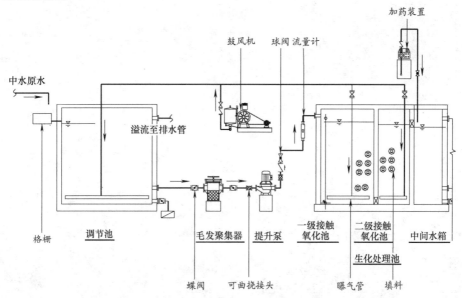

图 11-4　中水处理工艺流程图（一）

如图 11-5 所示为中水处理工艺流程的后几个步骤，需结合图 11-1 进行识读。从图中可以看出：中水通过中间水箱用加压泵进行加压之后，流入过滤器过滤，最后经由消毒装置进入中水回用水池，通过供水泵供用户使用。从图的右上角还可以看到一个补水系统，由补水电动阀、电磁阀以及旁通阀组成。当中水水源不足，而又需要供水冲厕时，回用水池水位下降到一特定位置，补水系统动作，自动补充自来水，保证整套中水处理系统不停顿工作。

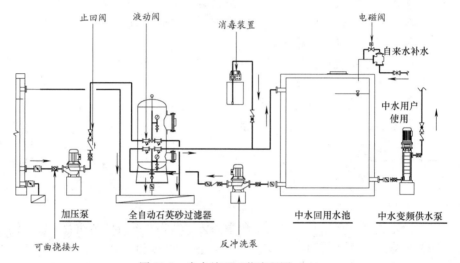

图 11-5  中水处理工艺流程图（二）

# 中水设备平面布置图识读

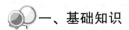一、基础知识

　　某中水处理设备平面布置图中具体的设备名称、规格、数量见表12-1。

中水处理主要设备名称　　　　　　　　　　　　　　　　表 12-1

| 序号 | 设备名称 | 规格型号 | 功率(kW) | 数量 | 单位 | 备注 |
|---|---|---|---|---|---|---|
| 1 | 格栅 | 400mm×300mm | | 2 | 台 | |
| 2 | 毛发聚集器 | WMF-300 | | 3 | 台 | |
| 3 | 提升泵 | 50GW10-10-0.75 | 0.75 | 3 | 台 | |
| 4 | 鼓风机 | HC251S | 0.55 | 1 | 台 | |
| 5 | 鼓风机 | HC501S | 2.2 | 3 | 台 | |
| 6 | 加药装置 | JYG-0.2 | 0.5 | 1 | 台 | |
| 7 | 消毒装置 | JYG-0.2 | 0.5 | 1 | 台 | |
| 8 | 加压泵 | 32GW8-22-1.1 | 1.1 | 3 | 台 | |
| 9 | 反冲洗泵 | 1G80-65-160B | 4.0 | 1 | 台 | |
| 10 | 石英砂过滤器 | $\phi$1000 | | 2 | 台 | |
| 11 | 集水坑提升泵 | WQ40-15-4 | 4.0 | 2 | 台 | |
| 12 | 电控箱 | 1800mm×800mm×400mm | | 2 | 台 | |
| 13 | 集水坑 | 5.6m³,2.5m×1.5m×1.5m | | 1 | 座 | 钢筋混凝土 |
| 14 | 调节池 | 128m³,9.5×5m×2.7m(119m³) | | 1 | 座 | 钢筋混凝土 |
| 15 | 一级接触氧化池 | 30m³,5.0m×2.2m×2.7m(28m³) | | 1 | 座 | 钢筋混凝土 |
| 16 | 二级接触氧化池 | 20m³,5.0m×1.5m×2.7m(19m³) | | 1 | 座 | 钢筋混凝土 |
| 17 | 中间水池 | 14m³,5.0m×1.0m×2.7m(13m³) | | 1 | 座 | 钢筋混凝土 |
| 18 | 中水回用水池 | 122m³,9.0m×5.0m×2.7m (113m³) | | 1 | 座 | 钢筋混凝土 |

续表

| 序号 | 设备名称 | 规格型号 | 功率(kW) | 数量 | 单位 | 备注 |
|------|----------|----------|----------|------|------|------|
| 19 | 中水供水泵 | 65LG36-20×6 | | 3 | 台 | |
| 20 | 中水供水稳压泵 | 25LG3-10×14 | 22 | 1 | 台 | |
| 21 | 气压罐 | φ600 | 4 | 1 | 台 | |
| 22 | 洗手盆 | | | 1 | 台 | |

## 二、施工图识读

图 12-1 所示为某中水处理设备平面布置图。主要表达各个设备的布置情况，限于篇幅，仅选取了平面布置图的一部分进行识读，从图中可以看出：

图中黑块处为柱子。编号 20 处为中央供水稳压泵，编号 19 处为中央供水泵，编号 21 处为气压罐，编号 13 处为集水坑，编号 6、7 处分别为加药装置和消毒装置，编号 11 处为集水坑提升泵。

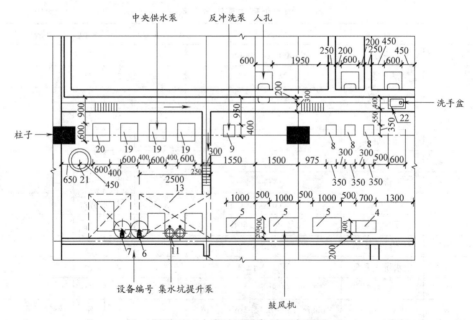

图 12-1　中水处理设备平面布置图

# 第13小时
# 中水管线平面图和轴侧图识读

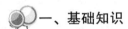 **一、基础知识**

1. 中水原水集水系统

（1）合流集水系统。即将生活污水和生活废水用一套排水管道排出的系统。集水系统的立管、支管均同建筑内部排水设计。集流干管可设计为室内集流干管或室外集流干管。其他设计要求及管道计算均同建筑内部排水设计。

（2）分流集水系统。

分流集水系统的优缺点如下。

1）中水原水水质较好，可简化处理流程，降低处理设施造价，应优先选用分流集水系统作为中水水源。

2）水量基本平衡，对某些有洗涤、洗浴设施的宾馆、住宅和公共建筑，其杂排水量大体上可满足厕所、浇洒等杂用水水量。

3）符合人们的习惯和心理上的要求，据日本民意测验，对杂排水处理回用的接受程度要比污水高。

4）处理站散发臭味较小。

5）减少污水量和减小化粪池容积，总处理成本可以降低。

6）缺点是需要增设1套分流管道，增加管道费用。

（3）适于设置分流管道的建筑。

1）有洗浴设备且和厕所分开设置的住宅。

2）有集中盥洗设备的办公楼、教学楼、旅馆、招待所、集体宿舍。

3）公共浴室、洗衣房。

4）大型宾馆、饭店。

（4）分流管道的布置和敷设。

1) 便器与洗浴设备最好分设或分侧布置,以便用单独支管、立管排出。

2) 多层建筑洗浴设备宜上下对应布置,以便接入单独立管。

3) 高层公共建筑的排水管宜采用污水、废水、通气三管组合管系。

4) 明装污、废水立管宜在不同墙角布设以利美观,污、废水支管不宜交叉,以免横支管标高降低过大。

5) 室内的原水集水管及附属构筑物均应防渗、防漏,井盖应做"中"字标志。

6) 中水原水系统应设分流、溢流设施和超越管,其标高应能满足排放要求。设置这些设施具有如下功能:既能把原水引入处理系统,又能把多余水量或事故停运时的原水排入排水系统而不影响原建筑排水系统的使用,即不能产生倒灌。

7) 其他设置、敷设有关要求同排水管道。

2. 中水供水系统

(1) 对中水管道和设备的要求。

1) 中水供水系统必须独立设置。

2) 中水管道必须具有耐腐蚀性,因为中水保持有余氯和多种盐类,产生多种生物和电化腐蚀,采用塑料管、衬塑复合管和玻璃钢管比较适宜。

3) 不能采用耐腐蚀材料的管道和设备,应做好防腐蚀处理,使其表面光滑,易于清洗结垢。

4) 中水供水系统应根据使用要求安装计量装置。

5) 中水管道不得装设取水龙头,便器冲洗宜采用密闭型设备和器具。绿化、浇洒、汽车冲洗宜采用壁式或地下式的给水栓。

6) 中水管道、设备及受水器具应按规定着浅绿色,以免引起误用。

(2) 中水供水系统形式。

常用的中水供水系统有余压给水系统(图 13-1)、水泵水箱供水系统(图 13-2)和气压给水系统三种形式(图 13-3)。

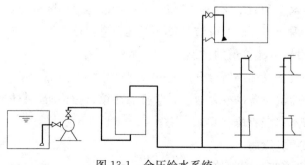

图 13-1 余压给水系统

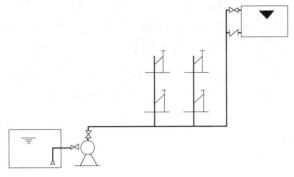

图 13-2    水泵水箱给水系统

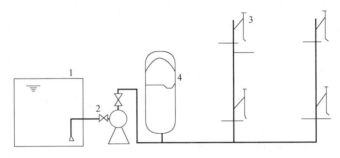

图 13-3    气压给水系统

1—中水贮池；2—水泵；3—中水用水器具；4—气压罐

## 3. 水量平衡

水量平衡即中水原水量、处理量与中水用量、给水补水量等通过计算、调整使其达到总量和时序上的稳定一致。中水系统和一般建筑给水排水系统工作状况有所不同，它要使原水收集、水质处理和供给使用几部分做到有机结合，而且要使系统在原水及用水很不稳定的情况下做到协调运作，因此，中水系统中的水量平衡就显得十分重要。

调节水量平衡的方法主要有以下几种。

（1）前贮存式。即将污水或废水在处理前贮存，将不均匀的排水集中起来再经过处理设备进行连续稳定的处理。此种方式调节简便，但污、废水在前贮存池的沉淀和厌氧腐败问题需解决，此种方式适用于中水集中、用量较大的情况。

（2）预处理后的贮存。将不均匀的排水经预处理后贮存起来，再经深度处理后使用。这种方式适用于预处理设备为批量式的初处理设备或耐冲击负荷的设备，以及深度处理与供水联动的设备，中贮存池也常与处理构筑物相结合。

（3）后贮存式。即贮存中水，这种方式适用于间断式处理设备，即收集一定量的污、废水进行处理，处理后的水贮存于较大的水池（水箱）中供使用。

（4）自动调节式。调节池（箱）均做的不很大，利用水位控制处理设备运行，按照随处理随使用的原则进行，不够用时由自来水补充。这种方式适用于排水量比较充足且中水用量比较均匀的情况，但会使部分原水溢流走。

（5）前贮后贮并用。通常而稳妥的方法是设置原水调节池，用来调节原水量与处理量的不均衡；处理后设中水调节池，调节中水量与中水用量的不均衡。

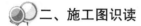 二、施工图识读

图 13-4 所示为某中水处理设备管线平面图。主要表达了各个管道的位置以及管道直径。限于篇幅，仅截取图的局部进行识读，从图中可以看出：

（1）编号 8 处为加压泵，与加压泵相连的管道上装有可曲挠接头和蝶阀，W 管道为中水管道（管径 DN50），管底标高为 -7.750m。

（2）F、S、P 管道分别表示反冲洗进水管道、补水管道、排空管。

（3）JC、JL 分别表示混凝剂加药管和消毒剂加药管，管径都为 DN20，管底标高为 -7.450m。

（4）编号 4 和 5 为不同型号的鼓风机。

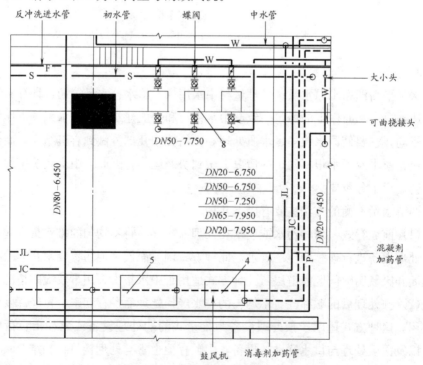

图 13-4　中水处理设备管线平面图

图 13-5 所示为气路管线为及加药管线轴测图。主要表达各种泵与水池、气压罐水坑之间的管道及管道的管径和标高等内容，限于篇幅，仅选取了回用水池中的管线图进行识读，从图中可以看出：

有一根管径为 $DN20$、管底标高为 $-6.550\text{m}$ 的管道穿过回用水池，在回水池中有一根与其垂直相连的管道（管径 $DN20$，管底标高 $-6.550\text{m}$），此管道上安装了大小头和球阀，并与从补水箱引出的管道（管径 $DN80$，管底标高 $-6.450\text{m}$）相连，管径 $DN80$ 的管道上安装了水表和蝶阀。供水泵右面的为反冲泵，反冲泵右面有三个加压泵。

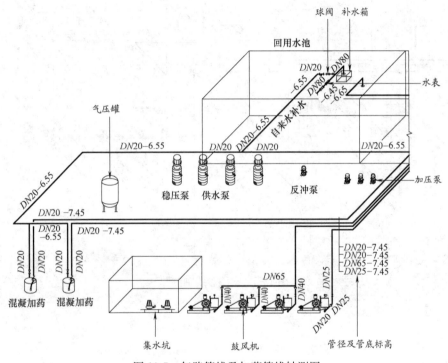

图 13-5　气路管线及加药管线轴测图

图 13-6 所示为水路管线轴测图，图中各种泵与水池、气压罐水坑之间的管道与水流方向标注的非常清楚，管道的管径以及标高也已标注在图中。限于篇幅，仅选取了调节池中的水路管线图进行识读，从图中可以看出：

（1）调节池上方有两个格栅池，输送原水的管道直径为 $DN200$，标高为 $-6.500\text{m}$，调节池的池底标高为 $-9.750\text{m}$。

（2）溢流管道的管径为 $DN100$，端部伸出调节池的标高为 $-7.05\text{m}$，在标高 $-7.750\text{m}$ 处伸出调节池向下将水排入水沟。

（3）标高 $-9.55\text{m}$ 处有三组提升泵，与其相连的管道最终汇集在一起，管径为$DN50$，管道在标高$-8.35$m处安装了流量计，标高$-6.650$m处伸入一级氧化池。

（4）图13-6的右侧为与提升泵相连管线的大样图，可以清晰地看到管道管径为$DN50$，管道上安装了蝶阀、可曲挠接头、单向阀等。

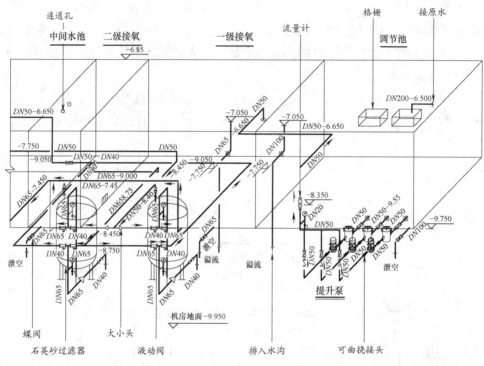

图13-6 水路管线轴测图

# 第14小时

# 小区楼房给水施工图识读

## 一、基础知识

1. 小区给水水源

（1）城镇中的居住小区给水水源取自市政给水管网；远离城镇的大型厂矿的居住小区，其给水一般由厂矿水厂供给；远离城镇的居住小区，其附近有合适的水源，自备水源井，给水水质必须满足现行国家标准《生活饮用水卫生标准》（GB 5749—2006）中的有关规定。经过技术经济比较，在取得当地水源管理部门同意后，亦可作为该地区的供水水源。

（2）小区内自设水源的给水管网，一般不得与城镇给水管网直接连接。如果小区自设水源的水质良好、水量富裕，能够弥补城镇供水不足，可以向城镇供水部门提出申请，经过同意后与城镇给水管网联网以提高小区供水可靠性。

（3）在严重缺水地区，为节约用水，可以采用中水作为便器的冲洗用水、浇洒道路和绿化用水、洗车用水和空调冷却等用水。设计中水工程时，应符合现行国家标准《建筑中水设计规范》（GB 50336—2002）的规定。

（4）居住小区生活饮用水的供水水质，必须符合现行国家标准《生活饮用水卫生标准》（GB 5749—2006）的要求。

2. 小区给水设计用水量和水压

（1）居住区用水量的类型。居住小区给水设计用水量，应根据下列用水量确定：

1）居民生活用水量；

2）公共建筑用水量；

3）绿化用水量；

4）水景、娱乐设施用水量；

5）道路、广场用水量；

6）公用设施用水量；

7）未预见用水量及管网漏失水量；

8）消防用水量：消防用水量仅用于校核管网计算，不属正常用水量。

居住小区内的给水设计用水量应根据小区的实际规划设计的内容，各自独立计算后综合确定。当居住小区内设有公用游泳池或水上娱乐池及水景池时，应按国家规定的有关规定计算其用水量。

（2）小区给水设计水压。居住小区通过小区给水管网供水，管网形式分为枝状管网和环状管网两类。按照规定，需要设置室外消火栓，其服务半径小于120m。居住小区给水管网的水压要求见表14-1。

**居住小区给水管网的最小服务水压**                                    表14-1

| 类别 | 生活饮用水给水管网 | 消防给水管网 |
|---|---|---|
| 最小服务水压 | 从地面处起的最小服务水压可按住宅建筑层数确定：<br>一层为 0.1MPa<br>二层为 0.12MPa<br>二层以上每增加一层增加 0.04MPa | （1）高压或临时高压给水系统<br>管道的压力应保证用水总量达到最大且水枪在任何建筑物的最高处时，水枪的密实水柱不小于 $10mH_2O$<br>（2）低压给水系统<br>管道的压力应保证灭火时最不利点消火栓的水压不小于 $10m\ H_2O$（从地面算起） |
| 备注 | （1）指在建筑给水管与接户连接处的最小服务水压<br>（2）卫生器具所需流出水压大于 0.03MPa 时，最小服务水压应按实际要求计算 | 在计算水压时应采用喷嘴口径 19mm 的水枪和栓口直径 65mm、长 120m 的麻质水带，每只水枪的计算流量不应小于 5L/s |

3. 居住小区给水管道施工图的识读

（1）小区给水管道施工图的识读。管道平面图是小区给水管道系统最基本的图形，通常采用 1∶500～1∶1000 的比例绘制，在管道平面图上应能表达出如下内容。

1）现状道路或规划道路的中心线及折点坐标。

2）管道代号、管道与道路中心线，或永久性固定物间的距离、节点号、间距、管径、管道转角处坐标及管道中心线的方位角，穿越障碍物的坐标等。

3）与管道相交或相近平行的其他管道的状况及相对关系。

4）主要材料明细表及图纸说明。

（2）小区给水管道纵剖面图的识读。管道纵剖面图是反映管道埋设情况的主要技术资料，一般纵向比例是横向比例的 5～20 倍（通常取 10 倍）。管道纵剖面图主要表达以下内容。

1）管道的管径、管材、管长和坡度、管道代号。

2）管道所处地面标高、管道的埋深。

3）与管道交叉的地下管线、沟槽的截面位置、标高等。

（3）节点详图的识读。

小区给水管网设计中，若平面图与纵剖面图不能描述完整、清晰，则应以大样图的形式加以补充。大样图可分为节点详图、附属设施大样图、特殊管段布置大样图。

节点详图是用标准符号绘出节点上各种配件（三通、四通、弯管、异径管等）和附件（阀门、消火栓、排气阀等）的组合情况。

## 二、施工图识读

图 14-1 所示为某小区楼房给水排水施工图。限于篇幅，仅选取图的局部进行阅读，从该图中可以看出：

（1）图中虚线表示给水管道，实线表示排水管道。

（2）市政给水管道管径为 $DN250$，小区给水支管管径为 $DN70$，进入房间的支管管径为 $DN50$；小区排水支管管径为 $DN300$。

（3）Z6-16SF 指一种玻璃钢化粪池。将水排入化粪池的管道管径为 $DN150$。

（4）市政给水管道从东南方向引入接小区给水支管（方向为东北→西北→东北），最后又向东南方向分出支管引入单元。

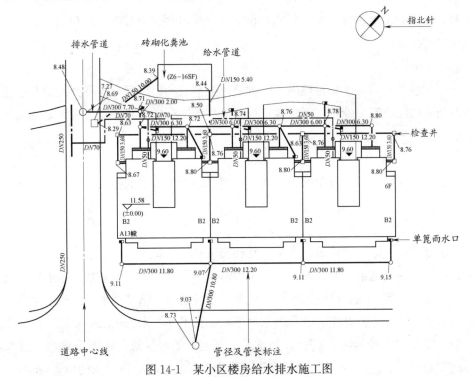

图 14-1 某小区楼房给水排水施工图

# 第15小时

# 宿舍楼室外给水施工图识读

## 一、基础知识

室外给水排水施工图主要包括平面图、大样节点图和管道纵断面图。

### 1. 平面图

平面图是主要施工图，它是在区域内各建筑物平面位置的基础上，画出给水排水管道的平面布置。图中标有管径、距建筑物外墙距离、各种井类位置间距及编号、管段间距离、排水检查井的井顶标高、进出井管道管底标高和给水管道埋设深度等内容。

### 2. 说明

图纸说明主要反映管材性质、基础管座类型、阀门型号、各种井类的井径说明及防腐做法。有特殊施工要求或依照验收规范、试压要求等均可在编制说明中确定。

### 3. 节点大样图

在管道交叉或较为复杂的交汇处，阀门井内管道节点的做法等可通过大样图表示。

### 4. 纵断面图

沿着管道的纵向剖切后，将地下互相交叉穿行的管道、电力通信沟、热力管沟、燃气等各类地下设施在纵断面图中表示。一般在施工较为复杂、地下管道较多、地形变化较大或在已施工完毕的地下工程后新增加给水排水管道时，多借用纵断面图以确定土方开挖方案和施工顺序，多在室外排水施工图中采用。纵断面图中主要标出设计地面标高、井类编号、间距、管径、坡度、埋设深度、管底（或管中心）标高、管道转弯处的角度及横穿交叉的各类管道管沟的位置与标高。

## 二、施工图识读

图 15-1 所示是某宿舍楼室外给水施工图。主要表达了给水管道的平面走向、管道的尺寸。限于篇幅，仅选取图的局部进行识读，从图中可以看出：

（1）供水是从室外管网由建筑物的北侧接入。

（2）加粗管线表示给水管道，管径为 DN50。

（3）室外设有多根雨水立管。

（4）KTN-表示空调冷凝水排水立管。

（5）给水管道入楼后，从厨房接入，管径为 DN50。

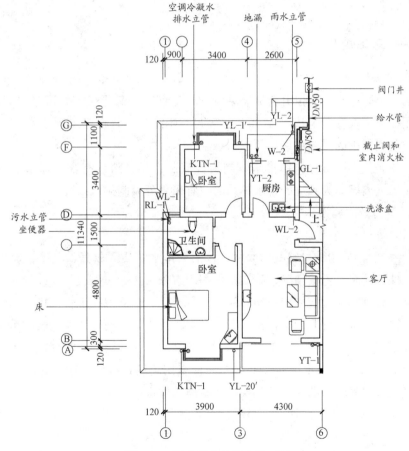

图 15-1　宿舍楼室外给水施工图

# 小区排水管道布置图识读

## 一、基础知识

### 1. 排水体制

居住小区排水系统也有合流制系统和分流制系统。当接入城市排水管网时，其选用在很大程度上取决于城市排水管网的体制；当直接排入附近水体或回用时，由环境保护的要求或回用要求来确定。

新建居住小区所在城镇排水体制为分流制、小区附近有合适的雨水排放水体、小区远离城镇为独立的排水体系时，宜采用分流制排水系统。

### 2. 管材及附属设施

(1) 管材、接口。

1) 排水管道的管材宜就地取材，并根据排水性质、成分、温度、地下水侵蚀性、外部荷载、土壤情况、施工条件等因素采用。

重力流排水管宜选用埋地塑料管、混凝土管、钢筋混凝土管；排到小区污水处理装置的排水管宜采用塑料排水管；在穿越管沟、过河等特殊地段或承压的管段可采用钢管或铸铁管，若采用塑料管则应外加金属套管，套管直径应比塑料管外径大 200mm；当排水温度大于 40℃时应采用金属排水管；输送腐蚀性污水的管道必须采用耐腐蚀的管材，其接口及附属构件也必须采取防腐措施。

2) 除有特殊规定的情况，塑料排水管道的接口应采用弹性橡胶圈密封柔性接口，DN200 以下的直壁管可采用插入式粘结接口，其连接方式选柔性或刚性应根据管道材料性质确定；混凝土、钢筋混凝土承插管柔性接口可采用沥青油膏接口；混凝土、钢筋混凝土套环接口可采用橡胶圈柔性接口或沥青砂浆和石棉水泥接口，一般用于敷设在地下水位以下的情况；铸铁管可采用橡胶圈柔性接口或石棉水泥接口；钢管应采用焊接接口。

（2）检查井、跌水井。

1）为方便施工和开启，检查井和跌水井一般宜采用砖砌井筒、铸铁井盖及井座，如其位置不在道路上，则井盖可高出所在处的地面。

2）小区排水管与室内排出管连接处，管道交汇、转弯、跌水、管径或坡度改变处以及直线管段上一定距离应设检查井，检查井井底应设流槽，槽顶可与管顶相平。对于纪念性建筑、高级民用建筑，检查井应尽量避免布置在主入口处。直线管段上检查井最大间距见表16-1。

直线管段上检查井最大间距        表16-1

| 管径（mm） | | 150 | 200～300 | 400 | ≥500 |
|---|---|---|---|---|---|
| 最大间距（mm） | 污水管道 | 20 | 30 | 30 | — |
| | 雨水管、合流管 | 20 | 30 | 40 | 50 |

3）检查井的内径尺寸和构造要求应根据管径、埋深、地面荷载，便于养护检修并结合当地的实际经验确定。管道埋深许可时，生活污水排水检查井工作室高度可从导流槽算起，合流管道由管底算起，一般为1.80m。

4）检查井井深为盖板顶面到井底的深度，方边检查井的内径指内边长。当井深不大于1.0m时，可采用井径不小于600mm的检查井；井深大于1.0m时，井径不宜小于700mm。

5）检查井底导流槽转弯时，其中心线的转弯半径按转角大小和管径确定，但不小于最大管的管径。

6）塑料排水管与检查井宜采用柔性接口，也可采用承插管件连接；塑料管道与检查井用砖砌或混凝土直接浇筑可采用中介层做法，即在管道与检查井相接部位预先用与管材相同的塑料粘接剂、粗砂做成中介层，沥青和水泥砂浆砌入检查井的井壁内。

7）生活管道上下游跌水水头大于0.5m、合流管道上下游跌水水头不小于1.0m时应设置跌水井；跌水井内不得接入支管；管道转弯处不得设置跌水井。跌水井的形式一般为竖管、矩形竖槽、阶梯式。

8）进水管管径不超过DN200时，一次跌水水头高度不得大于6.0m；管径为DN250～DN400时，一次跌水水头高度不得大于4.0m；管径超过DN400时，一次跌水水头高度及跌水方式按水力计算确定；如果跌水水头总高度更大时，则采用多个跌水井分级跌水。

（3）雨水口。

1）雨水口的布置、形式、数量应根据地形、建筑和道路的布置、雨水口布置位置、雨水流量、雨水口的泄流能力等因素经计算确定。在道路交汇处、建筑物单元出入口处附近、建筑物水落管附近、建筑物前后空地和绿地的低洼处宜布置雨水口。

2）雨水口沿道路布置时其间距宜为20～40m，雨水口连接管长度不宜超过25m，每根连接管最多连接2个雨水口。

3）平箅雨水口的箅口宜低于道路路面30～40mm，低于土地面50～60mm。

4）雨水口的深度不宜大于1m，泥沙量大的地区可根据需要设置沉泥槽，有冻害影响地区的雨水口深度可根据当地经验确定。

（4）排水泵房

1）小区污水不能自流排放时，则需要提升。排水泵房宜建成独立建筑物，并与居住建筑、公共建筑保持一定的距离。泵房噪声对环境有影响时应采取隔振、消声措施。泵房位置宜在地势较低的地方，但不得被洪水淹没，周围应绿化。提升雨水的泵组设计流量与进水管的设计流量相同，提升污水的泵组设计流量按最大小时流量考虑。泵房的设计应按《室外排水设计规范》（GB50014—2006）（2011年版）的要求执行。

2）泵房应设事故排出口，如不可能设置则应保证动力装置不间断工作或设双电源。泵房内应有良好的通风，当地下式泵房自然通风不能满足要求时，则应考虑机械通风。泵房内的采暖温度为5℃。

3）泵房设计时应考虑能满足设备最大部件搬运出入的门，有电气控制设备的位置，要有起吊设备（泵组或最重部件<0.5t时设固定吊钩，0.5～2t时设手动单轨吊车，2～5t时设单轨或双轨桥式手动或电动吊车）。用导轨提升的排水泵在决定起吊重量时还应考虑导轨摩擦力，如果远离居住区还应提供工作人员生活条件。

4）无起吊设备的泵房高度不应小于3m，有起吊设备时则应保证起吊物体底部与跨越固定物的顶部有不小于0.5m的净空。

5）生活污水提升泵房内水泵机组的抽升能力按最大小时排水量设计，合流系统的合流泵按合流排水最大小时流量设计，污水泵按最大小时污水量乘以截留倍数加1考虑。水泵扬程应保证有2.0m的自由水头。

6）每台排水泵应设置单独的吸水管，其进口处应设喇叭口，不宜装底阀，喇叭口直径不得小于吸水管直径的1.5倍。吸水管内的流速为1.0～1.2m/s，且不得小于0.7m/s，不大于1.5m/s。吸水管应有0.005的坡度坡向吸水口。

7）排水泵出水管的流速不得小于1.5m/s，多台水泵合用出水管时，任何一台水泵单独工作流速不得小于 0.7m/s。

8）管道穿泵房墙壁时应设置防水套管，穿集水池墙壁时应采用柔性接口。

9）集水池的有效容积一般不小于泵房内最大一台水泵 5min 的出水量，使自动控制的机组每小时开启水泵的次数不超过 6 次。合流系统则应大于泵房内最大一台雨水泵 30s 的流量。如果泵房夜间不工作，集水池应能容纳这期间流入池内的全部排水量，应对最大一台泵 10～15min 的出水量校核。如果潜水泵设在集水池内，其尺寸还须满足水泵布置要求。

10）集水池进水口应设格栅，栅条间隙应小于提升泵叶轮间隙，但不超过 20mm，污水含杂质多时应有搅动池底泥渣的措施，如从压水管接回流管伸入池内。

11）集水池的有效水深度以水池进水管设计水位至水池吸水坑上缘计，应采用 1.5～2.0m；水池进水管管底与格栅底边的高差不得小于 0.5m；池底应有 0.01～0.02 的坡度坡向吸水坑，吸水坑深一般应大于 0.5m。

12）吸水管喇叭口下缘到池底的距离应大于喇叭口口径的 0.75～1 倍，且不小于 0.4m，管径大于 $DN200$ 时喇叭口下缘到最低水位高度不小于 0.5～0.8m，管径小于等于 $DN200$ 时不小于 0.4m。

（5）居住小区污水排放。

小区的污水排放应符合《污水排入城镇下水道水质标准》（CJ 343—2010）、《煤炭工业污染物排放标准》（GB 20426—2006）。是否建设污水处理设施，由城镇排水总体规划统筹确定。

**3. 小区排水系统施工图**

（1）小区排水系统总平面布置图的识读。

小区排水系统总平面布置图，用来表示一个小区的排水系统的组成及管道布置情况。一般包括以下内容：

1）小区建筑总平面图，图中应标明室外地形标高，道路、桥梁及建筑物底层室内地坪标高等。

2）小区排水管网干管布置位置等。

3）图上注明各段排水管道的管径、管长、检查井编号及标高、化粪池位置等。

（2）小区排水管道平面图的识读。

小区排水管道平面图是排水管道设计的主要图纸，根据设计阶段的不同，图纸表现深度也有所不同。施工图阶段排水管道平面图一般要求比例尺为

1：1000～1：1500，图上标明地形、地物、河流、风玫瑰或指北针等。在管线上画出设计管段起终点的检查井并编上号码，标明检查井的准确位置、高程，以及居住区街坊连接管或工厂废水排出管接入污水干管管线主干管的准确位置和高程。图上还应标有图例和施工说明。

（3）小区排水管道纵断面图的识读。

排水管道纵断面图是排水管道设计的主要图纸之一。施工图阶段排水管道纵断面图一般要求比例尺的水平方向为1：50～1：100。纵断面图上应反映出管道沿线高程位置，它是和平面图相对应的。图上应绘出地面高程线、管线高程线、检查井，沿线支管接入处的位置、管径、高程，以及其他地下管线、构筑物交叉点的位置和高程。在纵断面图的下方有一表格，表中列有检查井号、管段长度、管径、坡度、地面高程、管内底高程、埋深、管道材料、接口形式、基础类型等。

（4）小区排水附属构筑物大样图的识读。

由于排水管道平面图、纵断面图所用比例较小，排水管道上的附属构筑物均用符号画出，附属构筑物本身的构造及施工安装要求都不能表示清楚。因此，在排水管道设计中，用较大的比例画出附属构筑物施工大样图。大样图比例通常用1：5、1：10或1：20。排水附属构筑物大样图包括检查井、跌水井、排水口、雨水口等。

## 二、施工图识读

图 16-1 所示为某小区楼房给水排水施工图。限于篇幅，仅选取图的局部进行识读，从图中可以看出：

（1）图中虚线表示排水管道，实线表示给水管道。

（2）Y0、Y1、Y2 代表雨水检查井；W0、W1、W2 代表污水检查井。

（3）小区大门排雨水管管径为 $DN500$，排污水管管径为 $DN400$。

（4）市政给水管道接小区给水管道后，分出两条支管，一条为商业给水管道（$DN50$），一条为住宅给水管道（$DN100$），并安装阀门和水表。

（5）7 号楼前有四座检查井，汇入井中的管道管径为 $DN300$。

图 16-2 所示为某小区楼房给水排水施工图。限于篇幅，仅选取图的局部进行识读，从图中可以看出：

（1）雨水管管径为 $DN300$，污水管管径有 $DN400$ 和 $DN300$ 两种，给水管管径为 $DN100$。

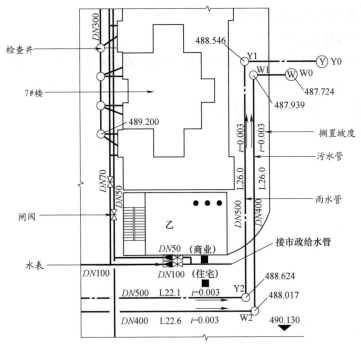

图 16-1 某小区楼房给水排水管道布置图（一）

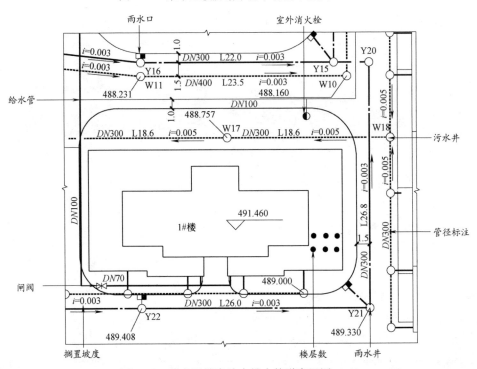

图 16-2 某小区楼房给水排水管道布置图（二）

（2）雨水经雨水口流入雨水井。

（3）一号楼共六层。

（4）Y15、Y16、Y20、Y21 和 Y22 代表雨水检查井，W10、W11、W17 和 W18 代表污水检查井。

（5）有一个室外消火栓与给水管道相连。

# 第17小时
# 宿舍楼室外排水管道布置图识读

### 一、基础知识

排水管道的布置应符合以下要求：

(1) 宿舍楼排水管道应根据楼的总体规划，道路和建筑物布置，地形标高，污水、废水和雨水的去向等实际情况，按照管线短、埋深小、尽量自流排出的原则布置。

(2) 一般应沿道路或建筑物平行敷设，尽量减少与其他管线的交叉，如不可避免时，应设在给水管道下面，与其他管线的水平和垂直最小距离应符合有关规定。

(3) 当排水管道的埋深比建筑物基础浅时，应不小于1.5m；当比建筑物基础深时，应不小于2.5m。

(4) 排水管道的转弯和交接处的水流转角应不小于90°，当管径不大于300mm，且跌水高度大于0.3m时可不受此限制。不同管径的排水管道在检查井内宜采用管顶平接。

(5) 排水管道的管顶最小覆土厚度应根据外部荷载、管材强度和土层冰冻因素，结合当地实际经验确定。在车行道下，不宜小于0.7m。如小于0.7m时，则应采取保护管道防止受压破损的措施。不受冰冻和外部荷载影响时，管顶最小覆土厚度不小于0.3m。

(6) 冰冻层内排水管道的埋设深度应满足现行国家标准《室外排水设计规范》(GB50014—2006)(2011年版)的要求。

(7) 排水管道的基础和接口应根据地质条件、布管位置、施工条件、地下水位、排水性质等因素确定。管道不在车行道下、土层干燥密实、地下水位低于管底标高且不是几种管道合槽施工，可采用素土或灰土基础，但接口处必须做混凝土枕基；岩石和多石地层采用砂垫层基础，砂垫层厚度不宜小于 200mm，接口处应做混凝土枕基；一般土壤或各种潮湿土壤，应根据具体情况采用 80°～90°混凝土带状基础；如果施工超挖、地基松软或在不均匀沉降地段，管道基础和地基应采取加固措施。

### 二、施工图识读

图 17-1 所示某宿舍楼室外排水施工图。限于篇幅，仅选取了图的一部分进行识读。从图中可以看出：图中虚线表示排水管道，其中卫生间的污水经由洗脸盆、大便器、盥浴盆排入排水立管，排水立管分别从卫生间和厨房向楼外的排水管道汇集，最后排入小区污水干管。

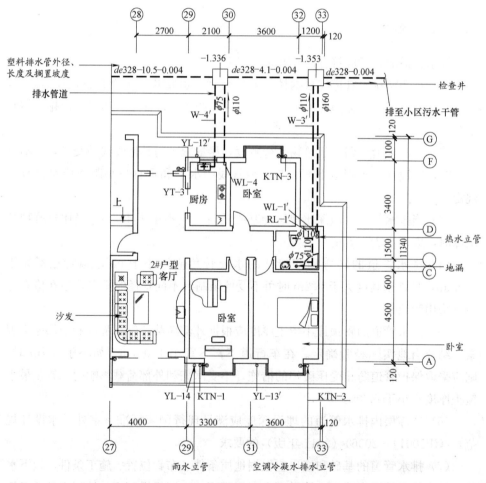

图 17-1 某宿舍楼室外排水施工图

# 第18小时

# 采暖平面图识读

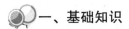 一、基础知识

1. 采暖平面图的识读内容

室内采暖平面图主要反映采暖管道及设备的平面布置，应重点阅读以下内容：

（1）热媒入口及入口地沟的情况，热媒来源、流向以及与室外热网的连接方式。

（2）顺着热媒流向弄清楚供回水干管、立管、支管的走向，各管段规格和尺寸，以及管道安装方式。

（3）立管编号和位置，水平管段的坡向、坡度以及标高。

（4）散热器的平面位置、规格、数量及安装方式。

（5）采暖干管上的阀门、固定支架以及其他与采暖系统有关的设备（如膨胀水箱、集气罐、疏水器等）平面位置和规格。

2. 采暖平面图的识读步骤

（1）查找采暖总管入口和回水总管出口的位置、管径和坡度及一些附件。引入管一般设在建筑物中间或两端或单元入口处。总管入口处一般由减压阀、混水器、疏水器、分水器、分汽缸、除污器、控制阀门等组成。如果平面图上注明有入口节点图的，阅读时则要按平面图所注节点图的编号查找入口详图进行识读。

（2）了解干管的布置方式，干管的管径，干管上的阀门、固定支架、补偿器等的平面位置和型号等。读图时要查看干管敷设在最顶层、中间层，还是最底层。干管敷设在最顶层说明是上供式系统，干管敷设在中间层说明是中供式系统，干管敷设在最底层说明是下供式系统。在底层平面图中会出现回水干管，一般用粗虚线表示。如果干管最高处设有集气罐，则说明为热水供暖系统；如果散

热器出口处和底层干管上出现有疏水器，则说明干管（虚线）为凝结水管，从而表明该系统为蒸汽供暖系统。

（3）弄清补偿器与固定支架的平面位置及其种类。为了防止供热管道升温时，由于热伸长或温度应力而引起管道变形或破坏，需要在管道上设置补偿器。供暖系统中的补偿器常用的有方形补偿器和自然补偿器。

（4）查找立管的数量和布置位置。复杂的系统有立管编号，简单的系统有的不进行编号。查找建筑物内散热设备（散热器、辐射板、暖风机）的平面位置、种类、数量（片数）以及散热器的安装方式。散热器一般布置在房间外窗内侧窗台下（也有沿内墙布置的）。散热器的种类较多，常用的散热器有翼型散热器、柱型散热器、钢串片散热器、板型散热器、扁管型散热器、辐射板、暖风机等。散热器的安装方式有明装、半暗装、暗装。一般情况下，散热器以明装较多。结合图纸说明确定散热器的种类和安装方式及要求。对热水供暖系统，查找膨胀水箱、集气罐等设备的平面位置、规格尺寸及与其连接的管道情况。热水供暖系统的集气罐一般装在系统最宜集气的地方，装在立管顶端的为立式集气罐，装在供水干管末端的为卧式集气罐。

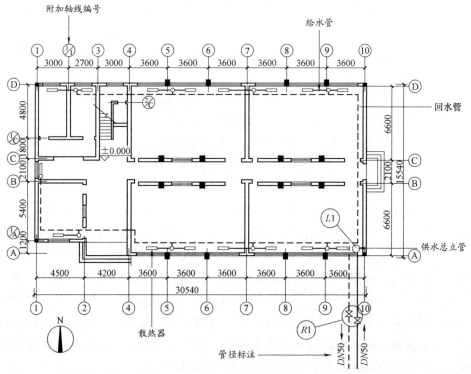

图 18-1　底层采暖平面图

## 二、施工图识读

图 18-1 所示为某底层采暖平面图，主要表达了采暖总管入口和回水总管入口的位置及管径、干管及散热设备的位置和数量。从图中可以看出：

（1）采暖总管入口和回水总管入口在建筑的东南方向。

（2）实线为给水干管（管径为 DN50），虚线为回水干管（管径为 DN50）。

（3）图中标 L1 处为供水总立管。

# 第19小时

# 采暖系统轴测图识读

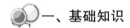 一、基础知识

**1. 采暖系统图的识读内容**

采暖系统图通常采用45°正面斜轴测投影法绘制，主要表达采暖系统中管道、设备的连接关系以及管道的规格、数量、标高等，不表达建筑内容。在识读采暖轴测图时，应重点阅读以下内容：

（1）热力入口处总供、回水管的走向和标高，以及供、回水横干管的坡向、坡度和标高。

（2）沿着热水流向，供水管管径的变化以及回水管管径的变化。

（3）立管管径大小、立管与散热器的连接方式以及立管上设置的阀门。

（4）散热器的规格、数量和标高，以及散热器与立管的连接方式。

（5）膨胀水箱、集气罐等设备与系统的连接方式。

**2. 采暖系统图的识读方法**

从热力入口（热媒入口）起，沿汽（水）流的方向识读。供汽（水）总管、供汽（水）干管、各供汽（水）立管、各组散热器的供汽（水）支管、各组散热器的凝（回）水支管、各凝（回）水立管、凝（回）水干管、凝（回）水总管。

**3. 采暖系统的分类**

采暖系统的分类，见表19-1。

**4. 供暖系统的基本形式**

按照供水、回水干管布置位置不同，供暖系统有以下几种形式，见表19-2。

**采暖系统的分类**　　　　　　　　　　　　　　表 19-1

| 项目 | 内　容 |
|---|---|
| 含义 | 采暖就是在天气寒冷时,供给房间一定的热量,使房间保持一定的温度,以适应人们生活、工作等需要。我国北方地区的房屋建筑需要设置冬季供暖系统。供暖系统一般由热源(锅炉)、供热管道和散热器等组成。热源(锅炉)将加热的水或汽通过管道送至建筑物内,经散热器散热后,冷却的水又通过管道返回热源(锅炉),进行再次加热,如此往复循环 |
| 按供暖范围分类 | 按供暖范围分为局部供暖系统、集中供暖系统、区域供暖系统三种 |
| 按供暖热媒分类 | 按供暖热媒分为热水供暖系统、蒸汽供暖系统、热风供暖系统、烟气供暖系统四种。热水供暖系统卫生、节能,在各种建筑物中应用广泛 |

**供暖系统的基本形式**　　　　　　　　　　　　表 19-2

| 形式 | 内　容 |
|---|---|
| 上供下回式热水供暖系统 | 图 19-1 所示为上供下回式热水供暖系统。可以看出供水管先经一个总立管直接将热水供至最高散热器上方的供水干管,再经过供水立管逐层向下供水。上供下回式热水供暖系统有双管和单管之分,图 19-1 的左侧为双管式系统,右侧为单管式系统。单管式系统又分为单管顺流式系统和单管跨越式系统。图 19-1 中的右侧左边立管为页流式系统,右侧右边立管为跨越式系统 |
| 下供下回式热水供暖系统 | 图 19-2 所示为下供下回式热水供暖系统。系统的供水、回水干管都敷设在底层散热器的下面。在设有地下室的建筑物或在顶棚下难以布置供水干管时采用此种系统 |
| 下供上回式热水供暖系统 | 图 19-3 所示为下供上回式热水供暖系统。系统的供水干管敷设在下部,而回水干管敷设在上部,立管布置主要采用顺流式 |
| 中供式热水供暖系统 | 图 19-4 所示为中供式热水供暖系统。从系统总立管引出的水平供水干管敷设在系统的中部,下部呈上供下回式,上部可采用下供下回式(图 19-4 左侧),也可采用上供下回式(图 19-4 右侧) |
| 同程式热水供暖系统 | 图 19-5 所示为同程式热水供暖系统。同程式热水供暖系统是指通过各个立管的循环环路的总长度都相等 |
| 水平式热水供暖系统 | 图 19-6 所示为水平式热水供暖系统。水平式系统也可分为顺流式和跨越式两类。图 19-6(a)所示为顺流式系统,图 19-6(b)跨越式系统。水平式系统的排气需要在散热器上设置冷风阀分散排气或在同层散热器上部串联一根空气管集中排气,见图 19-6 |
| 分层式热水供暖系统 | 图 19-7 所示为分层式热水供暖系统。垂直方向分成两个或两个以上的独立系统称为分层供暖系统,主要用于高层建筑中,图 19-7(a)为一般分层热水供暖系统,图 19-7(b)为双水箱分层热水供暖系统 |
| 双线式热水供暖系统 | 图 19-8 所示为双线式热水供暖系统。双线式系统有垂直式和水平式两种形式,主要用于高层建筑中 |

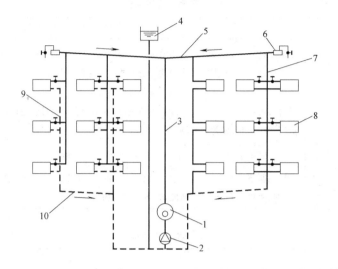

图 19-1　上供下回式热水供暖系统

1—热水锅炉；2—循环水泵；3—供水总立管；4—膨胀水箱；5—供水干管；

6—集气罐；7—供水立管；8—散热器；9—回水立管；10—回水干管

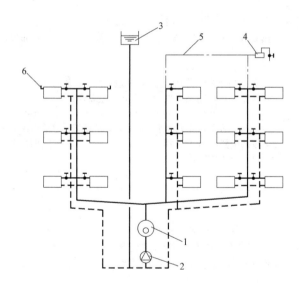

图 19-2　下供下回式热水供暖系统

1—热水锅炉；2—循环水泵；3—膨胀水箱；

4—集气罐；5—空气管；6—冷风阀

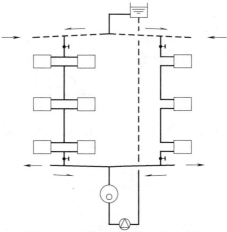

图 19-3 下供上回式热水供暖系统

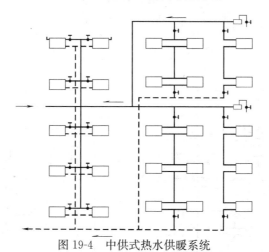

图 19-4 中供式热水供暖系统

图 19-5 同程式热水供暖系统

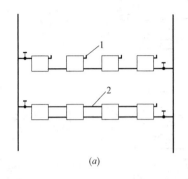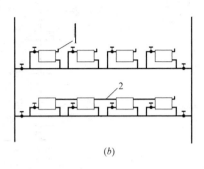

图 19-6　水平式热水供暖系统

（a）顺流式系统；（b）跨越式系统

1—冷风阀；2—空气管

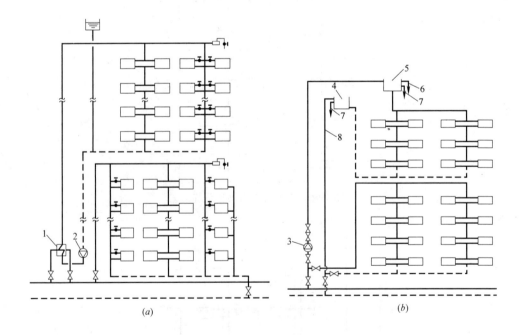

图 19-7　分层式热水供暖系统

（a）一般分层式热水供暖系统；（b）双水箱分层式热水供暖系统

1—热交换器；2、3—加压水泵；4—回水箱；5—进水箱；

6—进水箱溢流管；7—信号管；8—回水箱溢流管

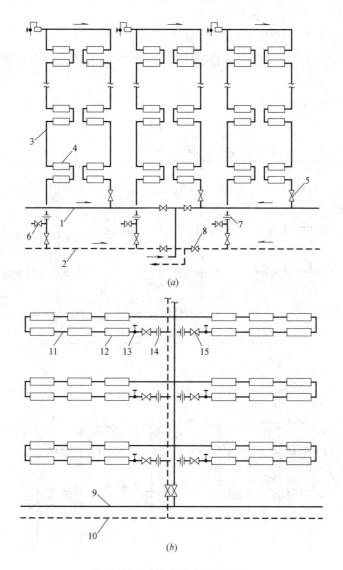

图 19-8 双线式热水供暖系统

（a）垂直式；（b）水平式

1、9—供水干管；2、10—回水干管；3—双线立管；4、12—散热器；5、13—截止阀；

6—排水阀；7、14—节流孔板；8、15—调节阀；11—双线水平管

## 二、施工图识读

图 19-9 所示为某采暖系统轴测图。主要表达了入口装置的组成、管道标高、管径及各管段的管径、坡度、坡向，散热器标号及数量，阀件、附件、设备在空

间中的布置位置等内容。从图中可以看出：

虚线为回水管，实线为供水管。总供回水管的管径为 DN50；回水干管和供水干管的管径为 DN40，然后变径为 DN32；供水立管的管径为 DN25。供水干管的坡度为 0.3%。

散热器的片数有 6、8、10、11、12、13、14、16、18 片九种。

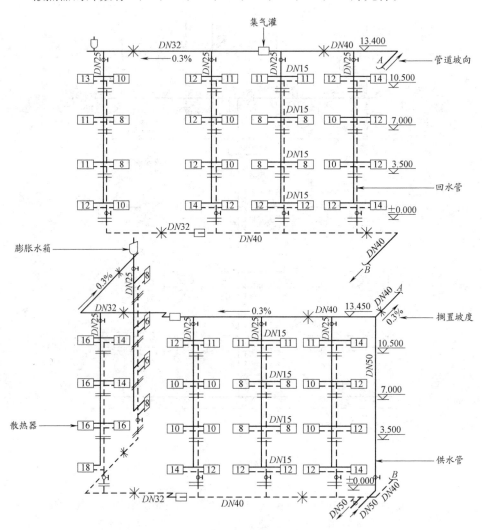

图 19-9　采暖系统轴测图

# 第20小时

# 采暖详图识读

## 一、基础知识

在阅读采暖详图时要弄清管道的连接做法、设备的局部构造尺寸、安装位置做法等。

采暖系统供热管、回水管与散热器之间的具体连接形式、详图尺寸、安装要求，以及设备和附件的制作、安装尺寸、接管情况等，一般都有标准图，因此，工作人员必须会识读图中的标准图代号，会查找并掌握这些标准图。通用的标准图有：膨胀水箱和凝结水箱的制作、配管与安装，分汽罐、分水器及集水器的构造、制作与安装，疏水器、减压阀及调压板的安装和组成形式，散热器的连接与安装，采暖系统立管、支干管的连接，管道支吊架的制作与安装，集气罐的制作与安装等。

采暖施工图一般只绘制平面图、系统图中需要表明而通用标准图中所缺的局部节点详图。

## 二、施工图识读

图 20-1 所示为散热器的安装详图。图中主要表达了暖气支管与散热器和立管之间的连接形式，散热器与地面、墙面之间的安装尺寸、结合方式及结合件本身的构造等内容。从图中可以看出：散热器的高度为 600mm，与墙面之间的安装尺寸为 115mm，两托架间的距离为 505mm，墙内水泥砂浆块的截面尺寸为 70mm×170mm，散热器通过托架与水泥砂浆的粘结作用固定。

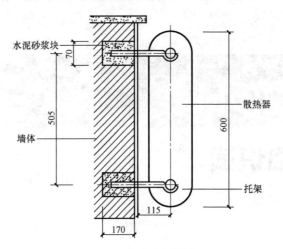

图 20-1　散热器安装详图

# 附　　录

1. 建筑给水排水专业制图，常用的各种线型宜符合附表 1 的规定。

线型　　　　　　　　　　　　　　　　　　　　　　　附表 1

| 名称 | 线型 | 线宽 | 用途 |
|------|------|------|------|
| 粗实线 | ———————— | $b$ | 新设计的各种排水和其他重力流管线 |
| 粗虚线 | -------------- | $b$ | 新设计的各种排水和其他重力流管线的不可见轮廓线 |
| 中粗实线 | ———————— | $0.7b$ | 新设计的各种给水和其他压力流管线；原有的各种排水和其他重力流管线 |
| 中粗虚线 | -------------- | $0.7b$ | 新设计的各种给水和其他压力流管线及原有的各种排水和其他重力流管线的不可见轮廓线 |
| 中实线 | ———————— | $0.5b$ | 给水排水设备、零（附）件的可见轮廓线；总图中新建的建筑物和构筑物的可见轮廓线；原有的各种给水和其他压力流管线 |
| 中虚线 | -------------- | $0.5b$ | 给水排水设备、零（附）件的不可见轮廓线；总图中新建的建筑物和构筑物的不可见轮廓线；原有的各种给水和其他压力流管线的不可见轮廓线 |
| 细实线 | ———————— | $0.25b$ | 建筑的可见轮廓线；总图中原有的建筑物和构筑物的可见轮廓线；制图中的各种标注线 |
| 细虚线 | -------------- | $0.25b$ | 建筑的不可见轮廓线；总图中原有的建筑物和构筑物的不可见轮廓线 |

续表

| 名称 | 线型 | 线宽 | 用途 |
|---|---|---|---|
| 单点长画线 | | 0.25b | 中心线、定位轴线 |
| 折断线 | | 0.25b | 断开界线 |
| 波浪线 | | 0.25b | 平面图中水面线;局部构造层次范围线;保温范围示意线 |

2. 建筑给水排水专业制图常用的比例,宜符合附表2的规定。

常用比例 附表2

| 名称 | 比例 | 备注 |
|---|---|---|
| 区域规划图<br>区域位置图 | 1:50000、1:25000、1:10000、<br>1:5000、1:2000 | 宜与总图专业一致 |
| 总平面图 | 1:1000、1:500、1:300 | 宜与总图专业一致 |
| 管道纵断面图 | 竖向1:200、1:100、1:50<br>纵向:1:1000、1:500、1:300 | — |
| 水处理厂(站)平面图 | 1:500、1:200、1:100 | — |
| 水处理构筑物、设备间、<br>卫生间、泵房平、剖面图 | 1:100、1:50、1:40、1:30 | — |
| 建筑给水排水平面图 | 1:200、1:150、1:100 | 宜与建筑专业一致 |
| 建筑给水排水轴测图 | 1:150、1:100、1:50 | 宜与相应图纸一致 |
| 详图 | 1:50、1:30、1:20、1:10<br>1:5、1:2、1:1、2:1 | — |

3. 管道类别应以汉语拼音字母表示,管道图例宜符合附表3的要求。

管道 附表3

| 序号 | 名称 | 图例 | 备注 |
|---|---|---|---|
| 1 | 生活给水管 | ——— J ——— | — |
| 2 | 热水给水管 | ——— RJ ——— | — |
| 3 | 热水回水管 | ——— RH ——— | — |
| 4 | 中水给水管 | ——— ZJ ——— | — |

| 序号 | 名称 | 图例 | 备注 |
|---|---|---|---|
| 5 | 循环冷却给水管 | —— XJ —— | — |
| 6 | 循环冷却回水管 | —— XH —— | — |
| 7 | 热媒给水管 | —— RM —— | — |
| 8 | 热媒回水管 | —— RMH —— | — |
| 9 | 蒸汽管 | —— Z —— | — |
| 10 | 凝结水管 | —— N —— | — |
| 11 | 废水管 | —— F —— | 可与中水原水管合用 |
| 12 | 压力废水管 | —— YF —— | — |
| 13 | 通气管 | —— T —— | — |
| 14 | 污水管 | —— W —— | — |
| 15 | 压力污水管 | —— YW —— | — |
| 16 | 雨水管 | —— Y —— | — |
| 17 | 压力雨水管 | —— YY —— | — |
| 18 | 虹吸雨水管 | —— HY —— | — |
| 19 | 膨胀管 | —— PZ —— | — |
| 20 | 保温管 | | 也可用文字说明保温范围 |
| 21 | 伴热管 | | 也可用文字说明保温范围 |
| 22 | 多孔管 | | — |
| 23 | 地沟管 | | — |

续表

| 序号 | 名称 | 图例 | 备注 |
|---|---|---|---|
| 24 | 防护套管 | | — |
| 25 | 管道立管 | XL-1<br>平面　　系统 XL-1 | X 为管道类别<br>L 为立管<br>1 为编号 |
| 26 | 空调凝结水管 | ——— KN ——— | — |
| 27 | 排水明沟 | 坡向 ——→ | — |
| 28 | 排水暗沟 | 坡向 ——→ | — |

注：1. 分区管道用加注角标方式表示。

2. 原有管线可用比同类型的新设管线细一级的线型表示，并加斜线，拆除管线则加叉线。

### 4. 管道附件的图例宜符合附表 4 的要求。

管道附件　　　　　　　　　　　　　　　　　附表 4

| 序号 | 名称 | 图例 | 备注 |
|---|---|---|---|
| 1 | 管道伸缩器 | | — |
| 2 | 方形伸缩器 | | — |
| 3 | 刚性防水套管 | | — |
| 4 | 柔性防水套管 | | — |
| 5 | 波纹管 | ——◇◇—— | — |
| 6 | 可曲挠橡胶接头 | 单球　　双球 | — |
| 7 | 管道固定支架 | ——※——　——※—— | — |

续表

| 序号 | 名称 | 图例 | 备注 |
|------|------|------|------|
| 8 | 立管检查口 | | — |
| 9 | 清扫口 | 平面　　　系统 | — |
| 10 | 通气帽 | 成品　　蘑菇形 | — |
| 11 | 雨水斗 | YD-　　　YD-<br>平面　　　系统 | — |
| 12 | 排水漏斗 | 平面　　　系统 | — |
| 13 | 圆形地漏 | 平面　　　系统 | 通用。如无水封，<br>地漏应加存水弯 |
| 14 | 方形地漏 | 平面　　　系统 | — |
| 15 | 自动冲洗水箱 | | — |
| 16 | 挡墩 | | — |
| 17 | 减压孔板 | | — |
| 18 | Y形除污器 | | — |
| 19 | 毛发聚集器 | 平面　　　系统 | — |
| 20 | 倒流防止器 | | — |

续表

| 序号 | 名称 | 图例 | 备注 |
|------|------|------|------|
| 21 | 吸气阀 | | — |
| 22 | 真空破坏器 | | — |
| 23 | 防虫网罩 | | — |
| 24 | 金属软管 | | — |

5. 管道连接的图例宜符合附表5的要求。

**管道连接**　　　　　　　　　　　　　　　　　　**附表5**

| 序号 | 名称 | 图例 | 备注 |
|------|------|------|------|
| 1 | 法兰连接 | | — |
| 2 | 承插连接 | | — |
| 3 | 活接头 | | — |
| 4 | 管堵 | | — |
| 5 | 法兰堵盖 | | — |
| 6 | 盲板 | | — |
| 7 | 弯折管 | 高 低　低 高 | — |
| 8 | 管道丁字上接 | 高 低 | — |
| 9 | 管道丁字下接 | 高 低 | — |
| 10 | 管道交叉 | 低 高 | 在下面和后面的管道应断开 |

6. 管件的图例宜符合附表 6 的要求。

**管件**　　　　　　　　　　　　　　　　　　　　**附表 6**

| 序号 | 名称 | 图　例 |
|---|---|---|
| 1 | 偏心异径管 | |
| 2 | 同心异径管 | |
| 3 | 乙字管 | |
| 4 | 喇叭口 | |
| 5 | 转动接头 | |
| 6 | S形存水弯 | |
| 7 | P形存水弯 | |
| 8 | 90°弯头 | |
| 9 | 正三通 | |
| 10 | TY三通 | |
| 11 | 斜三通 | |
| 12 | 正四通 | |
| 13 | 斜四通 | |
| 14 | 浴盆排水管 | |

7. 阀门的图例宜符合附表 7 的要求。

**阀门**　　　　　　　　　　　　　　　　　　　　**附表 7**

| 序号 | 名称 | 图例 | 备注 |
|---|---|---|---|
| 1 | 闸阀 | | — |

续表

| 序号 | 名称 | 图例 | 备注 |
|------|------|------|------|
| 2 | 角阀 | | — |
| 3 | 三通阀 | | — |
| 4 | 四通阀 | | — |
| 5 | 截止阀 | | — |
| 6 | 蝶阀 | | — |
| 7 | 电动闸阀 | | — |
| 8 | 液动闸阀 | | — |
| 9 | 气动闸阀 | | — |
| 10 | 电动蝶阀 | | — |
| 11 | 液动蝶阀 | | — |
| 12 | 气动蝶阀 | | — |
| 13 | 减压阀 | | 左侧为高压端 |
| 14 | 旋塞阀 | 平面　　　系统 | — |

续表

| 序号 | 名称 | 图例 | 备注 |
|------|------|------|------|
| 15 | 底阀 | 平面　　系统 | — |
| 16 | 球阀 | | — |
| 17 | 隔膜阀 | | — |
| 18 | 气开隔膜阀 | | — |
| 19 | 气闭隔膜阀 | | — |
| 20 | 电动隔膜阀 | | — |
| 21 | 温度调节阀 | | — |
| 22 | 压力调节阀 | | — |
| 23 | 电磁阀 | | — |
| 24 | 止回阀 | | — |
| 25 | 消声止回阀 | | — |

续表

| 序号 | 名称 | 图例 | 备注 |
|------|------|------|------|
| 26 | 持压阀 | | — |
| 27 | 泄压阀 | | — |
| 28 | 弹簧安全阀 | | 左侧为通用 |
| 29 | 平衡锤安全阀 | | — |
| 30 | 自动排气阀 | 平面　　　系统 | — |
| 31 | 浮球阀 | 平面　　　系统 | — |
| 32 | 水力液位控制阀 | 平面　　　系统 | — |
| 33 | 延时自闭冲洗阀 | | — |
| 34 | 感应式冲洗阀 | | — |

| 序号 | 名称 | 图例 | 备注 |
|---|---|---|---|
| 35 | 吸水喇叭口 | 平面　　　系统 | — |
| 36 | 疏水器 | | — |

8. 给水配件的图例宜符合附表8的要求。

给水配件　　　　　　　　　　　　　　　附表8

| 序号 | 名称 | 图例 |
|---|---|---|
| 1 | 水嘴 | 平面　　　系统 |
| 2 | 皮带水嘴 | 平面　　　系统 |
| 3 | 洒水(栓)水嘴 | |
| 4 | 化验水嘴 | |
| 5 | 肘式水嘴 | |
| 6 | 脚踏开关水嘴 | |
| 7 | 混合水嘴 | |
| 8 | 旋转水嘴 | |

续表

| 序号 | 名称 | 图例 |
|------|------|------|
| 9 | 浴盆带喷头混合水嘴 | |
| 10 | 蹲便器脚踏开关 | |

9. 消防设施的图例宜符合附表9的要求。

消防设施        附表9

| 序号 | 名称 | 图例 | 备注 |
|------|------|------|------|
| 1 | 消火栓给水管 | ——— XH ——— | — |
| 2 | 自动喷水灭火给水管 | ——— ZP ——— | — |
| 3 | 雨淋灭火给水管 | ——— YL ——— | — |
| 4 | 水幕灭火给水管 | ——— SM ——— | — |
| 5 | 水炮灭火给水管 | ——— SP ——— | — |
| 6 | 室外消火栓 | | — |
| 7 | 室内消火栓(单口) | 平面　　系统 | 白色为开启面 |
| 8 | 室内消火栓(双口) | 平面　　系统 | — |
| 9 | 水泵接合器 | | — |
| 10 | 自动喷洒头(开式) | 平面　　系统 | — |

| 序号 | 名称 | 图例 | 备注 |
|------|------|------|------|
| 11 | 自动喷洒头(闭式) | 平面　　系统 | 下喷 |
| 12 | 自动喷洒头(闭式) | 平面　　系统 | 上喷 |
| 13 | 自动喷洒头(闭式) | 平面　　系统 | 上下喷 |
| 14 | 侧墙式自动喷洒头 | 平面　　系统 | — |
| 15 | 水喷雾喷头 | 平面　　系统 | — |
| 16 | 直立型水幕喷头 | 平面　　系统 | — |
| 17 | 下垂型水幕喷头 | 平面　　系统 | — |

续表

| 序号 | 名称 | 图例 | 备注 |
|---|---|---|---|
| 18 | 干式报警阀 | 平面　　　　系统 | — |
| 19 | 湿式报警阀 | 平面　　　　系统 | — |
| 20 | 预作用报警阀 | 平面　　　　系统 | — |
| 21 | 雨淋阀 | 平面　　　　系统 | — |
| 22 | 信号闸阀 | | — |
| 23 | 信号蝶阀 | | — |
| 24 | 消防炮 | 平面　　　　系统 | — |

续表

| 序号 | 名称 | 图例 | 备注 |
|---|---|---|---|
| 25 | 水流指示器 | | — |
| 26 | 水力警铃 | | — |
| 27 | 末端试水装置 | 平面　　　系统 | — |
| 28 | 手提式灭火器 | | — |
| 29 | 推车式灭火器 | | — |

注：1. 分区管道用加注角标方式表示。

　　2. 建筑灭火器的设计图例可按现行国家标准《建筑灭火器配置设计规范》（GB50140－2010）的
　　　规定确定。

10. 卫生设备及水池的图例宜符合附表10的要求。

卫生设备及水池　　　　　　　　　　　　附表10

| 序号 | 名称 | 图例 | 备注 |
|---|---|---|---|
| 1 | 立式洗脸盆 | | — |
| 2 | 台式洗脸盆 | | — |
| 3 | 挂式洗脸盆 | | — |

续表

| 序号 | 名称 | 图例 | 备注 |
|------|------|------|------|
| 4 | 浴盆 | | — |
| 5 | 化验盆、洗涤盆 | | — |
| 6 | 厨房洗涤盆 | | 不锈钢制品 |
| 7 | 带沥水板洗涤盆 | | — |
| 8 | 盥洗槽 | | — |
| 9 | 污水池 | | — |
| 10 | 妇女净身盆 | | — |
| 11 | 立式小便器 | | — |
| 12 | 壁挂式小便器 | | — |
| 13 | 蹲式大便器 | | — |
| 14 | 坐式大便器 | | — |
| 15 | 小便槽 | | — |
| 16 | 淋浴喷头 | | |

11. 小型给水排水构筑物的图例宜符合附表 11 的要求。

小型给水排水构筑物 　　　　　　　　附表 11

| 序号 | 名称 | 图例 | 备注 |
|------|------|------|------|
| 1 | 矩形化粪池 | | HC 为化粪池 |
| 2 | 隔油池 | | YC 为隔油池代号 |
| 3 | 沉淀池 | | CC 为沉淀池代号 |
| 4 | 降温池 | | JC 为降温池代号 |
| 5 | 中和池 | | ZC 为中和池代号 |
| 6 | 雨水口（单箅） | | — |
| 7 | 雨水口（双箅） | | — |
| 8 | 阀门井及检查井 | | 以代号区别管道 |
| 9 | 水封井 | | — |
| 10 | 跌水井 | | — |
| 11 | 水表井 | | — |

12. 给水排水设备的图例宜符合附表 12 的要求。

给水排水设备 附表 12

| 序号 | 名称 | 图例 | 备注 |
|---|---|---|---|
| 1 | 卧室水泵 | 平面　　　系统 或 | — |
| 2 | 立式水泵 | 平面　　　系统 | — |
| 3 | 潜水泵 | | — |
| 4 | 定量泵 | | — |
| 5 | 管道泵 | | — |
| 6 | 卧式容积热交换器 | | — |
| 7 | 立式容积热交换器 | | — |
| 8 | 快速管式热交换器 | | — |

| 序号 | 名称 | 图例 | 备注 |
|------|------|------|------|
| 9 | 板式热交换器 | | — |
| 10 | 开水器 | | — |
| 11 | 喷射器 | | 小三角为进水端 |
| 12 | 除垢器 | | — |
| 13 | 水锤消除器 | | — |
| 14 | 搅拌器 | | — |
| 15 | 紫外线消毒器 | ZWX | — |

13. 给水排水专业所用仪表的图例宜符合附表 13 的要求。

仪表　　　　　　　　　　　　　　　　　　　　附表 13

| 序号 | 名称 | 图例 | 备注 |
|------|------|------|------|
| 1 | 温度计 | | — |
| 2 | 压力表 | | — |

续表

| 序号 | 名称 | 图例 | 备注 |
|---|---|---|---|
| 3 | 自动记录压力表 | | — |
| 4 | 压力控制器 | | — |
| 5 | 水表 | | — |
| 6 | 自动记录流量表 | | — |
| 7 | 转子流量计 | 平面　系统 | — |
| 8 | 真空表 | | — |
| 9 | 温度传感器 | T | — |
| 10 | 压力传感器 | P | — |
| 11 | pH 传感器 | pH | — |
| 12 | 酸传感器 | H | — |
| 13 | 碱传感器 | Na | — |
| 14 | 余氯传感器 | Cl | — |

14. 给排水管道预留孔洞尺寸可参考附表14的数值。

预留孔洞尺寸　　　　　　　　　　　　　　　　附表14

| 项次 | 管道名称 | | 明管留空尺寸<br>（长×宽）(mm×mm) | 暗管墙槽尺寸<br>（宽×深）(mm×mm) |
|---|---|---|---|---|
| 1 | 给水立管 | 管径≤25mm | 100×100 | 130×130 |
| | | 管径32～50mm | 150×150 | 150×130 |
| | | 管径70～100mm | 200×200 | 200×200 |
| 2 | 一根排水立管 | 管径≤50mm | 150×150 | 200×130 |
| | | 管径70～100mm | 200×200 | 250×200 |
| 3 | 两根给水立管 | 管径≤32mm | 150×100 | 200×130 |
| 4 | 一根给水立管和一根<br>排水立管在一起 | 管径≤50mm | 200×150 | 200×130 |
| | | 管径70～100mm | 250×200 | 250×200 |
| 5 | 两根给水立管和一根<br>排水立管在一起 | 管径≤50mm | 200×150 | 200×130 |
| | | 管径70～100mm | 250×200 | 250×200 |
| 6 | 给水支管 | 管径≤25mm | 100×100 | 60×60 |
| | | 管径32～40mm | 150×130 | 150×100 |
| 7 | 排水支管 | 管径≤80mm | 250×200 | — |
| | | 管径100mm | 300×250 | — |
| 8 | 排水主干管 | 管径≤80mm | 300×250 | — |
| | | 管径100～125mm | 350×300 | — |
| 9 | 给水引入管 | 管径≤100mm | 300×300 | |
| 10 | 排水排出管穿基础 | 管径≤80mm | 300×300 | — |
| | | 管径100～150mm | （管径+300）×（管径+200） | |

15. 室内给水管材及连接方式可参考附表15。

室内给水管材及连接方式　　　　　　　　　　附表15

| 管道类别 | 敷设方式 | 管径(mm) | 宜用管材 | 主要连接方式 |
|---|---|---|---|---|
| 生活给水管 | 明装或暗设 | DN≤100 | 铝塑复合管 | 卡套式连接 |
| | | | 钢塑复合管 | 螺纹连接 |
| | | | 给水硬聚氯乙烯管 | 粘接或橡胶圈接口 |
| | | | 聚丙烯管 | 热熔连接 |
| | | | 工程塑料管 | 粘接 |
| | | | 给水铜管 | 钎焊承插连接 |
| | | | 热镀锌钢管 | 螺纹连接 |

续表

| 管道类别 | 敷设方式 | 管径(mm) | 宜用管材 | 主要连接方式 |
|---|---|---|---|---|
| 生活给水管 | 明装或暗设 | $DN>100$ | 塑钢复合管 | 沟槽或法兰连接 |
| | | | 给水硬聚氯乙烯管 | 粘接或橡胶圈接口 |
| | | | 给水铜管 | 焊接或卡套式连接 |
| | | | 热镀锌无缝钢管 | 卡套式或法兰连接 |
| | 埋地 | $DN<75$ | 给水硬聚氯乙烯管 | 粘接 |
| | | | 聚丙烯管 | 热熔连接 |
| | | $DN≥75$ | 给水铸铁管 | 石棉水泥或橡胶圈接口 |
| | | | 钢塑复合管 | 螺纹或沟槽式连接 |
| 饮用水管 | 明装或暗设 | $DN≤100$ | 给水铜管 | 钎焊承插连接 |
| | | | 薄壁不锈钢管 | 卡压式连接 |
| 生产给水管 | 水质近于生活(埋地) | | 给水铸铁管 | 石棉水泥或橡胶圈接口 |
| | 水质要求一般 | 明装 | 焊接钢管 | 焊接 |
| | | 埋地 | 给水铸铁管 | 石棉水泥或橡胶圈接口 |
| 消火栓给水管 | 明装或暗设 | $DN≤100$ | 焊接钢管 | 焊接连接 |
| | | | 热镀锌钢管 | 螺纹连接 |
| | | $DN>100$ | 焊接无缝钢管 | 焊接连接 |
| | | | 热镀锌无缝钢管 | 沟槽式连接 |
| | 埋地 | | 给水铸铁管 | 石棉水泥或橡胶圈接口 |
| 自动喷水管<br>(湿式或干湿) | 明装或暗设 | $DN≤100$ | 热镀锌钢管 | 螺纹连接 |
| | | $DN>100$ | 热镀锌无缝钢管 | 沟槽式连接 |
| | 埋地 | | 给水铸铁管 | 石棉水泥或橡胶圈接口 |

16. 室内给水管道的布置、敷设应符合附表 16 的原则。

室内给水管道的布置、敷设原则 附表 16

| 管道布置 | 管道敷设 |
|---|---|
| (1)给水引入管及室内给水干管宜布置在用水量最大处或不允许间断供水处<br>(2)室内给水管道一般采用枝状布置,单向供水;当不允许间断供水时,可从室外环状管网不同侧设两条引入管,在室内连成环状或贯通枝状双向供水<br>(3)给水管道的位置不得妨碍生产操作、交通运输和建筑物使用;管道不得布置在遇水能引起燃烧、爆炸或损坏产品和设备的上面,并尽量避免在设备上面通过<br>(4)给水埋地管道应避免布置在可能受重物压坏处,管道不得穿越设备基础<br>(5)塑料给水管道不得布置在灶台上边缘;明设的塑料给水立管距灶边不得小于 0.4m。距燃气热水器边缘不小于 0.2m,达不到此要求时应有保护措施 | (1)给水管道宜明设,尽量沿墙、梁、柱直线敷设;当建筑物有要求时可在沟槽、管井、管沟及吊顶内暗设<br>(2)积水管道不得敷设在烟道、风道、排水沟内,不宜穿过商店的橱窗、民用建筑的壁柜及木装修处,并不得穿过大便槽和小便槽<br>(3)给水管道不得穿过变配电间<br>(4)给水管道宜敷设在不冻结构的房间内,否则管道应采取保温防冻措施<br>(5)给水管道不宜穿过伸缩缝、沉降缝,若必须穿过时,应有相应的技术措施<br>(6)给水引入管应有不小于 0.003 的坡度坡向室内阀门井;室内给水横管宜有 0.002～0.005 的坡度坡向泄水装置 |

17. 给水管道的安装应符合附表 17 的规定。

**给水管道安装的一般规定**　　　　　　　　　　　　　　　　　　　　**附表 17**

| 项目 | 主要内容 |
|---|---|
| 引入管 | (1)每条引入管上均应装设阀门和水表,必要时还要有泄水装置<br>(2)引入管应有不小于 0.003 的坡度,坡向室外给水管网<br>(3)给水引入管与排水的排出管的水平净距,在室外不得小于 1.0m,在室内平行敷设时,其最小水平净距为 0.5m;交叉敷设时,垂直净距为 0.15m,且给水管应在上面<br>(4)引入管或其他管道穿越基础或承重墙时,要预留洞口,管顶和洞口间的净空一般不小于 0.15m<br>(5)引入管或其他管道穿越地下室或地下构筑物外墙时,应采取防水措施,根据情况采用柔性防水套管或刚性防水套管 |
| 干管和立管 | (1)给水横管应有 0.002~0.005 的坡度坡向可以泄水的方向<br>(2)与其他管道同地沟或共支架敷设时,给水管应在热水管、蒸汽管的下面,在冷冻管或排水管的上面;给水管不要与输送有害、有毒介质的管道、易燃介质管导通沟敷设<br>(3)给水立管和装有 3 个或 3 个以上配水点的支管,在始端均应装设阀门和活接头<br>(4)立管穿过现浇楼板应预留孔洞,孔洞为正方形时,其边长与管径的关系为:DN32 以下为 80mm,DN32~DN50 为 100mm,DN70~DN80 为 160mm,DN100~DN125 为 250mm;孔洞为圆孔时,孔洞尺寸一般比管径大 50~100mm<br>(5)立管穿楼板时要加套管,套管底面与楼板底齐平,套管上沿一般高出楼板 20mm;安装在厨房和卫生间地面的套管,套管上沿应高出地面 50mm |
| 支管 | (1)支管应有不小于 0.002 的坡度坡向立管<br>(2)冷、热水立管并行敷设时,热水管在左侧,冷水管在右侧<br>(3)冷、热水管水平并行敷设时,热水管在冷水管的上面<br>(4)明装支管沿墙敷设时,管外皮距墙面应有 20~30mm 的距离(当 DN≤32 时)<br>(5)卫生器具上的冷热水龙头,热水在左侧,冷水在右侧,这与冷、热水立管并行时的位置要求是一致的,但常常被忽视 |

18. 管与管、管与建筑构件之间的最小净距应符合附表 18 的要求。

**管与管、管与建筑构件之间的最小净距**　　　　　　　　　　　　　**附表 18**

| 名称 | 最小净距(mm) |
|---|---|
| 引入管 | (1)在平面上与排水管道不小于 1000<br>(2)与排水管水平交叉时,不小于 150 |
| 水平干管 | (1)与排水管道的水平净距一般不小于 500<br>(2)与其他管道的净距不小于 100<br>(3)与墙、地沟壁的净距不小于 80~100<br>(4)与梁、柱、设备的净距不小于 50<br>(5)与排水管的交叉垂直净距不小于 100 |

续表

| 名称 | 最小净距(mm) |
|---|---|
| 立管 | 不同管径下的距离要求如下：<br>(1)当 $DN \leqslant 32$，至墙面的净距不小于 25<br>(2)$DN32 \sim DN50$，至墙面的净距不小于 35<br>(3)$DN70 \sim DN100$，至墙面的净距不小于 50<br>(4)$DN125 \sim DN150$，至墙面的净距不小于 60 |
| 支管 | 与墙面净距一般为 20～25 |

19. 建筑给水铜管管材规格可参考附表19。

**建筑给水铜管管材规格（mm）** 附表19

| 公称直径 $DN$ | 外径 $De$ | 工作压力 1.0MPa | | 工作压力 1.6MPa | | 工作压力 2.5MPa | |
|---|---|---|---|---|---|---|---|
| | | 壁厚 $\delta$ | 计算内径 $d_3$ | 壁厚 $\delta$ | 计算内径 $d_3$ | 壁厚 $\delta$ | 计算内径 $d_3$ |
| 6 | 8 | 0.6 | 6.8 | 0.6 | 6.8 | — | — |
| 8 | 10 | 0.6 | 8.8 | 0.6 | 8.8 | — | — |
| 10 | 12 | 0.6 | 10.8 | 0.6 | 10.8 | — | — |
| 15 | 15 | 0.7 | 13.6 | 0.7 | 13.6 | — | — |
| 20 | 22 | 0.9 | 20.2 | 0.9 | 20.2 | — | — |
| 25 | 28 | 0.9 | 26.2 | 0.9 | 26.2 | — | — |
| 32 | 35 | 1.2 | 32.6 | 1.2 | 32.6 | — | — |
| 40 | 42 | 1.2 | 39.6 | 1.2 | 39.6 | — | — |
| 50 | 54 | 1.2 | 51.6 | 1.2 | 51.6 | — | — |
| 65 | 67 | 1.2 | 64.6 | 1.5 | 64.0 | — | — |
| 80 | 85 | 1.5 | 82 | 1.5 | 82 | — | — |
| 100 | 108 | 1.5 | 105 | 2.5 | 103 | 3.5 | 101 |
| 125 | 133 | 1.5 | 130 | 3.0 | 127 | 3.5 | 126 |
| 150 | 159 | 2.0 | 155 | 3.0 | 153 | 4.0 | 151 |
| 200 | 219 | 4.0 | 211 | 4.0 | 211 | 5.0 | 209 |
| 250 | 267 | 4.0 | 259 | 5.0 | 257 | 6.0 | 255 |
| 300 | 325 | 5.0 | 315 | 6.0 | 313 | 8.0 | 309 |

20. 管道活动支架的最大间距可按附表20、附表21确定。

铜管活动支架的最大间距（mm）

附表 20

| 公称直径 | 竖直铜管 | 水平铜管 |
|---|---|---|
| 15 | 1800 | 1200 |
| 20 | 2400 | 1800 |
| 25 | 2400 | 1800 |
| 32 | 3000 | 2400 |
| 40 | 3000 | 2400 |
| 50 | 3000 | 2400 |
| 65 | 3500 | 3000 |
| 80 | 3500 | 3000 |
| 100 | 3500 | 3000 |
| 125 | 3500 | 3000 |
| 150 | 4000 | 3500 |
| 200 | 4000 | 3500 |
| 250 | 4500 | 4000 |
| 300 | 4500 | 4000 |

薄壁不锈钢管活动支架的最大间距（mm）

附表 21

| 公称直径 | 10～15 | 20～25 | 32～40 | 50～65 |
|---|---|---|---|---|
| 水平管 | 1000 | 1500 | 2000 | 2500 |
| 立管 | 1500 | 2000 | 2500 | 3000 |

# 参 考 文 献

［1］ 危凤海. 建筑设备工程施工图［M］. 北京：清华大学出版社，2013.

［2］ 高霞，杨波. 建筑给水排水施工图识读技法［M］. 合肥：安徽科学技术出版社，2007.

［3］ 中华人民共和国住房和城乡建设部. GB/T 50106—2010 建筑给水排水制图标准［S］. 北京：中国建筑工业出版社，2010.

［4］ 核工业第二研究设计院. 04K502 热水集中采暖分户计量系统施工安装［S］. 北京：中国建筑标准设计研究院，2004.